笠間マロンポークプロジェクト

～学校で育てた美味しい栗豚～

鯉淵学園農業栄養専門学校

フォルドリバー

プロデュース◆引地雅人
レタッチ◆小川直之（JAGUCHI）
取材協力◆あいきマロン株式会社
◆日本農業実践学園
構成◆保川敏克
制作◆アネラジャパン

はじめに

大人げないほど、職員、教授、学園長らが〝日本一美味しい豚〟を目指して熱くなっている――。

燃え盛る現場は、関東地方北東部にある茨城県の鯉淵学園農業栄養専門学校である。

鯉淵学園のある茨城県は、通気性・保水性（＝適度な排水性）に優れた火山灰土壌を持ち、年間を通して穏やかな気候で知られる。

47都道府県のなかで最も魅力がないとされるが、栗作りに適した特徴を活かし、栗の栽培面積と収穫量はともに日本一。なかでも県庁所在地・水戸市の西に隣接する人口約7万人の笠間市（2006年に近隣の友部町と岩間町を合併）は、盆地特有の昼夜の寒暖差が比較的大きく、それに「甘みを強める」作用があるため、栗の代表的な産地となっている。

世界的に見ると、栗は大きく4種に分けられる。日本栗（和栗）、中国栗（シナ栗）、アメリカ栗、ヨーロッパ栗（西洋栗）で、日本栗はほかの3つに比べて大粒で水分量が多く（含水率50％以上）、口当たりの良さもあって一番美味しいとされる。

「4Lサイズの超大粒の焼栗は、シナ栗を使った天津甘栗とは別物！」

そう断言するファンは多い。

和栗のなかでは『小布施《おぶせ》の栗（長野県小布施町《まち》）』や、『丹波の栗（京都府京丹波町、兵庫県丹波市）』が昔から有名だ。だが、関東地方を中心に美味しさが知れ渡った近年は、明治時代末期から作られている笠間の栗の人気が急上昇、

「栗と言えば笠間」といった声が聞かれるようになっている。笠間の栗は、上記2カ所の老舗ブランドのほか、山鹿《やまが》の和栗（熊本県山鹿市）、恵那栗（岐阜県恵那市、中津川市）、しまんと地栗（高知県四万十町）らを引き離して、現在人気ナンバーワンと言っても過言ではない。和栗のなかで人気1位の笠間の栗は、世界で一番美味しい栗だろう。

その笠間の栗を与えて育てる豚が、笠間マロンポーク。日本一どころか〝世界一美味しい豚〟の称号が目指せるプロジェクトだ。

本書はその軌跡を追うドキュメントであり、学園と地域の未来をかけた関係者たちの群像劇である。

目次

笠間マロンポークプロジェクト
～学校で育てた美味しい栗豚～

第2章 申請

第3章 栗と豚

CONTENTS

第4章 給餌試験開始

第1章

始動

冷たい雨が降るJR常磐線の友部駅前で待っていると、ヒッチハイカーをピックアップするかのようにクルマが目の前でスッと止まり、運転席から女性が降りてきた。笠間マロンポークプロジェクトのリーダーである。

栗飼料で育てる豚は予定通り午前11時に搬入されるという。小田野仁美は初対面の挨拶もそこそこに駅前ロータリーから発進させると、近況説明をしつつハンドルを軽やかに切り、飼育を委託している日本農業実践学園の駐車場に時間どおりにクルマをつけた。

大粒の雨のなか、フードさえ被らずに先導するので気の毒になって「傘は？」と問うと、「慣れてますから」と答えて豚舎に入っていく。

学園長・長谷川の思い

笠間マロンポークの飼育試験を行っている鯉淵学園農業栄養専門学校の学園長・長谷川

量平は、静岡県で生まれ育った。大学卒業後は大阪の食品会社の生産管理部門で働き、焼き鳥の輸入に携わったりした。コンビニエンス・ストアのレジ横で見る焼き鳥も長谷川の担当だった。

１９９７（平成９）年に鯉淵学園に招かれるが、茨城県には縁もゆかりもないだけに、少なからぬ不安を抱いた。ましてや保守的なイメージの強い農業が盛んな茨城県の、地域に密着した農業の学校。果たして受け入れてもらえるだろうか……。

茨城県は東京都心から電車で1時間強の通勤圏ながら、農業産出額は、あの広大な面積を誇る北海道に次いで全国2～3位を鹿児島県と競っている。栗のほかに、れんこん、白菜、小松菜、青梗菜《チンゲンサイ》、水菜、カリフラワー、春レタス、冬レタス、ねぎ、加工用トマト、メロン、ピーマン、陸稲《りくとう》の収穫量は全国1位を誇る（年によっては2位）。鶏卵の生産量も日本一。農家の底力、地力、ＤＮＡがほかの都道府県とは違う。

そんな茨城県にある鯉淵学園は、もともとは終戦の年である１９４５（昭和20）年、戦後ニッポンの食糧難を克服するため、農業指導者の養成を目的に「高等農事講習所」として設立。学費が無料だったこともあり全国から若者が集まった場だ。水戸市鯉淵町と笠間市にまたがる48ヘクタール（東京ドーム10個分以上）という広大な敷地は、満州に移住する農家を指導する者を養成する満蒙開拓幹部訓練所（指導者養成所）の施設を受け継いだ由緒あるもの。２０２３（令和５）年に学園長に就任した長谷川が思い描く地元農家への貢献、地域社会への恩返しを実現させるには十分な舞台だ。

「特に笠間の栗に関しては、ブランド力は強くなりましたが、生産が強くなったわけではないと感じ、その生産に関してなにか寄与できたらと思っていたのです」

職員になった当初恐れていた排他性の懸念は杞憂に終わった。農業従事者らの人の良さ、敷居の低さ、間口の広さに驚いた。栗の矮化《わいか》栽培で特許を持つある農家は、聞きに来る人に無料で教えている。その厚意は業界内で広く知られ、遠方からも視察希望者がバスに乗ってやってくる。また、若い農家たち（といっても40〜50代だが）の革新性、進取の精神に目を見開いた。「このままじゃいけない」という彼らの危機感、持てる技術を広く次世代に伝えたいという思いに胸を打たれた。

〈さすがに農業大国と呼ばれるだけのことはある〉

現役ラガーマンの長谷川の熱い心に火がついた。

収益化

長谷川のもう一つのモチベーションは、収益を上げるビジネスとしての面である。

鯉淵学園農業栄養専門学校はかつて国の予算で設立され、国の補助金がふんだんに投入された国立のような学校だった。だが、2009(平成21)年、民主党政権下で行われた『事業仕分け(行政刷新会議)』によって、2011(平成23)年から国庫による補助がなくなった。県からの補助もほぼなく、素性どおり私立の学校としての運営が求められるようになった。

収入は学生が納める学費、栽培試験などを依頼してくる企業からの業務委託費、直売所などでの自家生産品の売上、そして寄付金だけになった。学費と寄付金に多くを求めることはできない。企業との連携を強化したり、学園で作ったものを売って稼ぐしかない。

学園には幸いにして広大な土地と建物、機材がある。また、学校という中立性の高い存在ということで許認可を得やすい。そこに、国内トップレベルの農畜産に関する頭脳が揃っている。ほかには作れないもの、ほかが手を出せない商品を生み出せる地盤がある。長谷川は、ここに注力して経営基盤を強固にしようと考えた。

ただ一方で、儲かる商売を学園がするということへのジレンマもあった。儲けのための生産は、良い教育になるとは思えない。非営利とは言えないが、学園を維持存続するだけの収益を得つつ、地域社会と農畜産業界への貢献を最大の目的にしようと誓った。その旗印は決してブレてはいけない。

長谷川は地元・笠間の栗に視線を向けた。

栗は育てやすい

「桃栗3年、柿8年」と言うように、栗は植栽後、早ければ3年で実をつけるほど効率の良い果樹だ。

植えてから2~3年の「幼木期」を終えて「若木期」に入ると、4~8年のあいだは毎年、結実量が増えていく。そして9年目から10年目以降の「成木期」も同じく年をとるごとに結実量が増加、20年生のころに「盛果期」を迎える。以降は「老木期」となって収量は減るが、30年、40年経っても最盛期に見劣らない実りを見せる木もあり、50年生も珍しくない。１００年という長寿の木もある。

ほかの果樹に比べて農作業が楽という面もある。年間の作業量の４割が、８月末から10月末にかけての収穫の時期といわれており、大変ではあるが笑顔で働けるわずか２カ月で一年の３分の１の仕事が済む育てやすさは、同じ果樹のリンゴなどと比べて歴然とした差がある。

リンゴに紅玉、つがる、ふじ、むつ、ジョナゴールド、シナノスイートといった品種があるように、和栗も数は少ないがいくつかの品種がある。笠間の主力は以下の４つだ。

ぽろたん（早生《わせ》）
利平《りへい》（中生《なかて》）
筑波《つくば》（中生）
石鎚《いしづち》（晩生《おくて》）

筑波は、国内生産量が圧倒的第１位の人気品種。２位は銀寄《ぎんよせ》（中生）、３位は丹沢《たんざわ》（早生）である。4位と5位が上記の利平、石鎚。

栗は結実して熟してくると、毬《イガ》ごと落ちるものと、毬が割れて実だけが落ちるものがあり、後者の場合、落ちている栗を直ちに拾わないと虫が付いて傷む。比較的新しい品種のぽろたんは、木にくっ付いている毬のなかで熟すことがある。

栗の規格は、ふるいのサイズで決まる。ある階級のふるいにかけて下に落ちなかったら、その階級である。重量選別を併用して、階級が高くなりやすい扁平な品種に対応することもある（以下は目安）。

	［長径］	［重さ］
4L	45㎜以上	35g以上
3L	39～44㎜未満	25g以上
2L	35～39㎜未満	20g以上
L	32～35㎜未満	15g以上
M	29～32㎜未満	10g以上
S	29㎜未満	10g未満

栗ブーム

栗は同じ樹に雄花と雌花が別の花として咲く。そして「自家不結実性（自家不和合性、他家授粉）」、つまり栗の雌花は、自分と同じ個体および同じ品種の雄花の花粉を受粉しても結実しない。そのため、栗を収穫するには他品種の花粉が必要とされている。

ただ、ほとんどの栗農家は、同じ品種を集めて栽培している。笠間は一大栗産地であるため、そこかしこの栗畑からさまざまな品種の花粉が飛び散っており、それらご近所さんからやってくる花粉で風化受粉（風媒受粉）がかなうからだ。蜂などの昆虫が栗の花の独特の匂いに呼び寄せられ、花粉を運んでくれもするからだ（虫媒花）。

また、自家受粉による結実の可能性はゼロではなく、栗農家も実体験として知っているため、1種類を固めて栽培している。

ちなみに、祖父の代などに、「あそこの木が枯れたから試しに別の品種を植えてみようか」といったふうに栽培していた畑を受け継いでいる場合は、外から見て区別のつけにくい品種もあり、「もう、どこになんの品種が植わっているかわからない」といった状況になるという。

そんな栗の人気がいま急上昇中だ。ちょっとしたモンブランブームが来ていることは栗農家も知っているが、これほどまで人気になっているはっきりとした理由は、笠間の人たちもわからない。

画期的な肥料が開発されたわけでも、アッと驚く品種が登場したわけでもない。ただ、昔からある栗が「とても美味しい」ということを、消費者が「発見」しただけではないだろうかと考えている。もちろん、発見してもらうために「発信」を続けてきた。

〝意識高い系〟の生産者が現れていることも一因かもしれない。自分で栽培して、生栗をインターネットを駆使して売り、加工品も自分で作って手売りする。彼らが発信する〝物語〟が、主に都会の若い消費者のアンテナを刺激して口コミで拡散した。そうしつづけて「和栗」という言葉が刺さりだした面もある。

結果、栗の供給が追いつかなくなりつつある。

背景には栗農家の高齢化、栗の木の老木化がある。生産性が下がり、廃業する農家が増え、収量が減ってきている。これはどこの産地も同じで、日本における栽培面積はここ10年で3割ほど少なくなっている。

栗のブランド化

そうした流れもあって、「これから栗農家は儲かる」というイメージが徐々に広がっている。そして、後継者不足、人手不足のいまが好機と見て、新たに就農を目指す人が現れはじめた。

また、既存の栗農家も、ここ数年は需要に追いつかないほど販売が好調なこともあって、それほど手間暇をかけず、手入れもそこそこで収穫しているところが出はじめている。

というより、これまでそうしてきた。栗農家は兼業しているところも多く、菊やガーベラといった花や、田んぼ、畑を主にしている。都市部に勤めに出ている人もいる。「土地が空いているから、手間がかからない栗でも植えておくか」というノリの人も少なくない。実際、剪定《せんてい》をせず、農薬を撒かず、消毒も行わず、草刈りだけして収穫時期を迎えても栗は実る。

いまも変わっていない栗農家が、意識の高い農家が新しく何軒か出てきたことによって相対的に目立つようになった。これも、やる気のある参入者にとってはチャンスと言えるだろう。

栗はブームが来ていて、これまでより労せずして売れる。それはそれでいいことだ。だが、『笠間の栗』を信頼して購入した人からもしクレームが入るようになったら、話は変わってくる。

「良い栗」とは、どんな栗か。

それは、3Lや4Lといった大粒で、糖度が高いこと。そして「粉質《ふんしつ》」であること。ベタベタするのではなく、ホクホクする栗がいい。

紛質かどうかの見分け方は、海水のなかに投入し、沈んだら紛質。浮きやすい海水に入れても沈むのは、ギュッと詰まっていて重い証拠。

「良い栗の木」という意味で言えば、10アール（1反歩《いったんぶ》）あたりの収量で比較することもできる。金額にして反収10万円を超えるかどうかなど、これは剪定の仕方や、栽培方法とも関係してくる。具体的な数字を出すと、茨城県の栗は10アールあたり117kg収穫でき、単価は1kg850円前後なので、ちょうど10万円ほどの収入になる。ちなみに、小布施がある長野県は、10アールあたり272kg収穫でき、単価は1kg1500円を超えるので40万円超の収入。

安全性という見地から、「良い栗」もある。これまで笠間の栗は、殺虫のために燻蒸《くんじょう》処理をして常温で流通させていたが、2023(令和5)年から流通はコールドチェーンになった。たとえば東京の百貨店まで冷蔵で運ばれる仕組みが整ったのである。臭化メチルの煙で消毒する燻蒸処理は必要なくなり、現在、笠間はすべて無燻蒸。薬剤以外の方法、つまり冷蔵庫での1カ月近くの貯蔵により殺虫している安心安全な栗である。

根づきつつあるブランドを守らなければならない。ある程度のクオリティがなければ、『笠間の栗』を名乗ることはできない。

よって、栗の選果場では、検査員による目視の選果・選別が、品種別に外観と重量において行われている。

その厳しさが、破棄される栗の増加にも繋がっている。

また、栗農家にとって収穫の時期は、喜びも大きいが、それこそ家族全員や親戚の手を借りても間に合わないくらい忙しい。イチゴなどなら約半年ある収穫期が、栗の場合はわずか2カ月。8月末から10月末までのピーク時に一気に穫らなければならず、その量が半端ではない。ほかのことをやる余裕などなく、やらなくてはならないことだって後回しになる。

ここに問題が発生する。

農家は時間的な制約と人手のことを思うと、出荷できる品質のいい栗だけを狙って収穫せざるを得ない。圃場《ほじょう》に落ちて売れなくなった栗には目を向けていられない。

そんな農家に対して、茨城県の各地にある「農業改良普及センター」は、ほったらかしにしていると虫が発生していい栗にも悪影響を及ぼすので、ちゃんと拾いましょうと啓蒙している。ただ、耳に届いているのだが、疲労困憊《こんぱい》の農家に収穫残渣《ざんさ》を回収するエネルギーは残っていない。

長谷川はここに注目した。

〈学園がお役に立てる〉

長谷川の発案

長谷川は、まず、栗の生産性の向上を検討した。

〈農作業を省力化して効率を上げる方法を考えよう〉

そして、栗の生産によって生じる副産物、たとえば剪定する際に切った枝や、売り物にならない栗の問題を解決しようと思った。特に後者に注力し、処分せざるを得ない栗に価値を付けようと考えた。

栗の生産がメインシステムだとすれば、サブシステムはそれにまつわる諸々。いまの時代、このサブシステムをちゃんと回すことが求められる。栗を栽培することによって農薬で大気を汚したり、肥料で土壌を汚染してはならないのはもちろんのこと、廃棄物を大量に生み出すことは容認されない。処分するしかない栗も活かすサブシステムの構築が、メインシステムの高評価に繋がる。サブシステムが持続可能性を持たない限り、生産することによって害を与えるメインシステムは当然評価が下がるのである。

ほかの作物の大半がそうであるように、栗も収穫したすべてが商品になればよいが、そうはいかない。傷んでしまっているもの、わずかではあるが虫に食われているもの、基準よりも粒の小さいもの、いま一つ味が良くないもの、そういった品質の栗が2割ぐらい発生する。これは笠間の栗が厳しい基準を設けて高級ブランドとなったがための側面とも言える。

そのなかから、栗ペーストなど加工用に回せるレベルのものはいいが、そのレベルの栗でも、加工工場で剥《む》いたあとの鬼皮や渋皮、それにくっ付いている取り切れない可食部分といった残渣が出る。

これら年間数十トンもの破棄される栗をどうするかが、かねてより笠間における課題だった。これまでのように燃やして灰にしたり、畑などに埋めたりといった処理方法は、時勢に合わなくなってきている。地球環境や持続可能性を念頭に、栗のすべてを活用する方向で知恵を出すことが求められている。

長谷川は、時代の流れを肌で感じ、地域に根づく学校としてできる貢献を模索していた。「日本一の栗」と謳《うた》っても恥ずかしくないほど高まった人気の一方で、栗農家の高齢化、老木と離農の増加、生産性の低下が顕著で、先達の努力でようやく得た地位も、足元はぐらついている。

〈なにかできないだろうか……〉

自問自答を繰り返し、熟考の末、「ＩＣＴ」と「農畜連携」という二つのワードに辿り着いた。

「栗農家の高齢化と、なり手の少なさ、そして、廃棄される栗が多い点。これらを解決すると同時に、新たな価値を創出できるプロジェクトを立てました」

ＩＣＴで生産性を高め、処分される栗や残渣を家畜の飼料にしようというのである。

長谷川はすぐさま動きはじめた。

小田野の参画

そのころ、のちのプロジェクトリーダーはもがいていた。

笠間市出身の小田野は上京して音楽大学で学び、社会に出てからはピアノの先生やさまざまなアルバイトで生計を立て、29歳のときに栄養士の資格を得るために鯉淵学園農業栄養専門学校に社会人入学した。

2年後に卒業し、茨城県内で品質管理の職に就く。コンビニエンス・ストアに置かれる商品の検査が主な仕事だ。

新入社員ではあったが、上司から教えてもらう機会もほとんどないまま現場に出て、いきなり大きな責任を負った。

「1回で覚えてくださいね！　と5分くらいでザックリ説明され、あとはほぼ、ほったらかしでした」

経験がなく、見るもの聞くものすべてが初めてなのに、自分の頭で考えて動かなければラインがどんどん滞る。目の前の仕事をこなすのが精いっぱいの日々。そんなある日、パートさんたちの視線が変わっていることに気づく。

「なに一人で任されちゃって、イイわね」

おしゃべりに参加しないことを詰《なじ》られた。同僚の社員もパートさんの側につき、一緒になって嫌みを言った。パートさんを管理する立場の小田野は、ますます孤立無援、会議に呼ばれて出席しようとすると邪魔された。

上司も自分のことでいっぱいいっぱいなのだろう。

〈あぁ、私、ここではやっていけないな……〉

気づけば胃潰瘍ができていた。

しばらくして新しい職を探しはじめたとき、鯉淵学園が新たに検査室を作る予定だと聞き、アプローチを始めた。

〈徹底した品質管理を行っている会社で働いていたというキャリアは、必ず役に立つはず〉

厳しい環境は前職で体験済み。鍛えてもらえたと、いまは感謝の気持ちしかない。だから胸を張って「任せて」とは言えないまでも、〝免疫〟が足りないことはないはず。新設の検査室でなにをやるのか全く知らなかったが、小田野は〈できる。やれる〉と思った。

それは長谷川も同じだった。長谷川は学生だったころの小田野を知っている。何度も問い合わせてくる小田野を呼び、面接した。

小田野は手応えを感じていた。同時に、一段落がついた気がした。

ただ、それは再び無茶振りされる日々が来るまでのわずかな〝戦士の休息〟だった。

第2章 申請

農林水産業みらい基金プロジェクト

長谷川量平のもとに一通の案内が来た。

『農林水産業みらい基金プロジェクト』

これは、農林中央金庫が２００億円を拠出して設立した『みらい基金』によって、
①持続的発展を支える担い手
②収益基盤強化に向けた取り組み
③農林水産業を軸とした地域活性化に向けた取り組み
この３つを支援することを目的に２０１４（平成26）年から始まっているプロジェクト。農林水産業の現場で、資金的に〝あと一歩の後押し〟があれば成功する事業に対して、予算の最大９割を補助する仕組みである。

助成金は申請から採択までのハードルが高い。

プロジェクトは創意工夫と独自性のある取り組みであること、参加する者は自発的に熱意を持って挑戦すること、地域の行政と連携しながら担い手の育成や雇用の創出を実現す

ること、そして長く地域の発展に貢献し、ほかの分野への波及効果が期待できること、これらをしっかりとした管理体制のもとで行う必要がある。それだけに、採択率はわずか３％という狭き門。２０２３年度は１８３件の申請で６件の採択となっている。

〈審査は厳しいが、これはまさに自分が思い描いていることを後押ししてくれるプロジェクトじゃないか〉

２０２０（令和２）年、長谷川は多忙なスケジュールの合間を縫って申請書を書きはじめた。

ただ、初めてということもあって思うような書面にならない。筆無精なこともある。そんなとき、膝を傷めて３日間の入院を余儀なくされた。

〈この機会を使わなければ書き上がらない〉

療養をそこそこに一気に申請書を作り上げた。

メインシステムとサブシステムという視点、地域への貢献度の高さは、自分としてもうまく訴えることができたと感じた。少し足りない面があるとすれば、栗を飼料にして家畜を育てた際の肉質の変化に関する論証が足りないことだった。そう、長谷川は栗の残渣《ざんさ》を家畜の飼料にするプロジェクトで地域の役に立ちたいと考えたのだ。

審査結果

2020（令和2）年12月、採択の結果が来た。

落ちた。

200件の申請のうち、10件も通らない厳しさという噂は聞いていたが、そのとおりになってしまった。

〈また1年、待たなければダメか……〉

学園長として、プロジェクトの発案者として、書いた申請書が通らなかったことに責任を感じずにはいられなかった。長谷川は思い直した。

〈職員や教授らの手を患わせたくないという思いもあって一人で進めてきたが、周りに協力を請《こ》うたほうがいいかもしれない。学園全体を巻き込んだほうが自分一人で引っ張るより推進力も高まる〉

家畜の飼料については、アグリビジネス科に国内屈指の高田良三教授がいる（学科長）。執筆を依頼してみた。すると、栗と肉質の論理的な関係性がA4判2枚に見事に書かれていた。

また、長谷川も、笠間の栗の永続性、そこにある鯉淵学園の永続性、そして互いの永続性が地域社会の発展に繋がるという大局観を持って再度キーボードを叩いた。それこそが審査の最重要項目のような気がした。

結果、２０２１（令和３）年12月の採択において、１７４件のうちの６件に選ばれた。

長谷川は直ちに翌２０２２（令和４）年１月からのプロジェクト開始を決断した。

栗飼料の開発から笠間マロンポークへ

長谷川は小田野を職員として採用することにした。

小田野は2月1日からの勤務を前に、長谷川が提出して採択された申請書を読み込んだ。疑問が浮かぶ。栗を使った家畜の飼料を開発して、畜産農家に買ってもらうことなど可能なのだろうか？　メインターゲットとしている養豚業者の場合、豚に与える既存の配合飼料は高くても１kg１００円しない。それを目標の１kg５００円で販売できるものなのだろうか？　栗飼料が魔法のような能力を持っていて、それを豚が喜んで食べて美味しい肉になるのならいい。でも、それはまだ未知数だ。だれもチャレンジしたことがない高価な飼料を、厳しい競争のなかでビジネスをしている養豚業の経営者がスンナリ受け入れてくれるのか？　そもそも早く大きく成長させるために栄養素を究極まで高めた配合飼料をやめて栗飼料に切り替えれば、生産性は落ちるのではないか？

〈これはだれも買わないかもしれないな……〉

小田野はプロジェクトの先行きに暗雲が立ちこめていると感じ、長谷川に思いをぶつけた。

長谷川は当初、栗を配合した豚用の飼料を作り、近隣にある東大牧場（東京大学 大学院農学生命科学研究科 附属牧場：高等動物教育研究センター）の豚で試験するつもりだった。東大ではすでに栗に含まれる苦み成分であるタンニンが豚の成長に良い影響を与えることなど、いくつかの結果を出していた。栗飼料もいい結果が出れば、革命的な飼料として売り出せる。

だが、東大牧場に試験を打診すると、『みらい基金』の予算では足りないことがわかった。ひと桁違った。

〈自分のところで豚を飼って試験をするしかないのか〉

小田野はもちろん賛成だ。少数でもいいから鯉淵学園農業栄養専門学校で豚を飼って、鯉淵学園で作った栗飼料を食べさせればいい。豚を生産して肉の出荷、加工、学園直営店での販売まで一気通貫でやれば、鯉淵学園産のブランド豚が誕生する。それは夢ではない気がした。

だが、鯉淵学園に豚を受け入れられる施設はない。

兄貴分の協力

長谷川は打開策を練った。

いまから豚舎を建設することは予算的にも時間的にも人員的にも不可能。長谷川は高田に申請書への加筆を依頼したときのように、自分の周りをもう一度見渡してみた。〝灯台もと暗し〟がないかどうか、自分たちとスクラムを組んでくれる同志がいないかどうか。

いた。

それも、東大牧場よりも近くにあった。

鯉淵学園農業栄養専門学校と同じ水戸市の日本農業実践学園である。60ヘクタールという鯉淵学園よりも広い敷地を持つ日本農業実践学園は、NHKドラマ『おしん』で描かれたような貧しい農村を救う優秀な人材の養成学校を作ることを目的に1925（大正14）年に設立された、日本国民高等学校協会を起源とする。

協会は、三菱財閥3代目総帥の岩崎久弥、住友家15代当主の住友吉左衛門（住友友純）、安田財閥の祖である安田善次郎、渋沢財閥を形成した渋沢氏一族、三井合名会社など、そうそうたる面々から寄付を集め、1927（昭和2）年2月1日、現理事長の加藤達人の祖父が日本国民高等学校を開校した。農業を実践する場であり、ここで実践教育を受けた者たちが各県にある伝習農場で指導者となり、いまの農業大学校に繋がっている。日本国民高等学校が〝農民道場の総本山〟と呼ばれる所以《ゆえん》だ。日本農業実践学園（現在名）にはその血が流れている。

日本に私立の農業専門校はほかに2校あり、長野県諏訪郡の八ヶ岳中央農業実践大学校が一つ。もう一つは実は鯉淵学園で、隣近所とあって実践学園とは兄弟と呼んでよい関係（兄貴分が実践学園）。2校に資本関係はないが人事の交流はあり、長谷川は実践学園の理事でもある。

この実践学園は敷地内に豚舎を持ち、企業から委託された養豚を行っている。

長谷川は加藤達人理事長にアポイントを取った。

プロジェクト概要

こうして、プロジェクトの大枠が決まった。

長谷川は言う。

「ざっ栗と言うと、栗の生産から豚肉の販売までの事業計画です」

具体的には以下の3つになる。

①ICTを使って栗農園の生産を省力化、効率化する

笠間の栗農家の現状を見ると、この先を担う人材を育成したり、やってみたいという人々の流入を促さなければ、美味しい栗が作れなくなる、食べられなくなるのではないかとい

う危機感を抱かざるを得ない。近い将来に訪れるかもしれないそのような事態を回避するには、栗農家の魅力や最先端の技術を発信し〝やって楽しい仕事〟であることを知ってもらうことが不可欠。そこで、まずは栗農園の生産管理にICT（後述）という新風を吹き込む。

②廃棄される栗を有効に活用する

笠間だけで年間数十トンも廃棄される栗を、SDGs（持続可能な開発目標）が叫ばれる時代において、どのように扱うのが正しいのか。

これまでは「不要」「厄介もの」「タダ」とされてきたものに、なんらかの「価値」を付けるにはどうしたらいいのか。

いまある鯉淵学園のリソース（経営資源）を念頭に置いて、まずは栗を豚の飼料に活用してみる。栗は栄養価が高く、ビタミンC（リンゴの8倍）、食物繊維（セロリの3倍）、カリウムが豊富。鯉淵学園には動物の飼料に関する専門家がおり、近くにある兄弟校には養豚施設がある。

③笠間の栗を食べて育つブランド豚の開発

日本各地にブランド豚はいくつもある。いまから参入して成功するには、なんらかの差別化が求められる。差異があるところに利潤がある。

そこで、〝笠間の栗を食べて育ったポーク〟が本当に美味しくて、しかも個性的な味をしていることを、データで示して消費者に知ってもらう。実食による五感での感動だけではなく、旨み成分であるイノシン酸が含まれている量など、ＩＣＴを使って数値的エビデンス（証拠）を取り、それも踏まえて〝数字〟でも味わってもらう。

百貨店や高級スーパーでの販売、有名飲食店でのメニュー化までを見据え、見かけ倒しではない本物の高級ブランド豚を総合的にプロデュースしていく。

AIで選果

ＩＣＴは（Information and Communication Technology）の略で、情報通信技術と訳される。情報技術（ＩＴ：Information Technology）の拡張版であり、「通信技術を活用した

コミュニケーション」を指す。

ＩＣＴを活用する農業は一種のスマート農業であり、流行りのＡＩ（人工知能）を使った農業もその一つ。

面白い試験が茨城県の産業技術イノベーションセンターで行われた。栗はどの品種も外観がそっくりなため、品種別に売ろうとしても、なにか別の品種が混じってしまうことがある。農家から仕入れるときにちゃんと確認するのだが、それでも見誤る。

そこで、ＡＩに判別してもらおうと考えた。丹沢、ぽろたん、人丸《ひとまる》、利平、石鎚、岸根《がんね》、美玖里《みくり》。これらの7品種をＡＩに見分けさせたところ、正答率100％という結果が出た。

また、割れ、変色、虫食い、未熟、しなび、カビ（あとにいくほどリスクが高い）。これらをＡＩに見つけ出してもらう実験を行い、割れを「割れ」、カビを「カビ」と回答した率は90％となった。

畑アシスト

長谷川は、このＩＣＴと学園が持っている技術で、栗農家が抱えている問題を解決しようと思った。栗の生産者らの協力を得て学園内で実証実験を行い、最終的にはマニュアル化し、〝儲かる農業システム〟として地域に還元する。

そのＩＣＴの一つに『畑アシスト』というセンサーがある。栗の木に装着したり畑の土中に埋め込んで、気候や土壌を数値化する機器。24時間モニタリングし、ＰＣ・スマホの画面に示される土壌成分などの数値と、栽培現場の状況との因果関係をつかむ。

これまでは、そしていまも、農家にとっては長年培ってきた〝勘〟が、スキル（技能）とノウハウ（知識）のすべてと言ってよい。たとえば、窒素が多いと栗の実が劣化しやすい、天候が悪いと根腐れ病が発生する、等々。

その勘の善し悪しが栗農家の収益を左右する。また、新参者を寄せ付けず既得権益を守る砦《とりで》ともなり、同時に後継者の育成を困難にさせる障壁でもある。

しかし、さすがの農家も窒素が何％過剰になると栗がダメになるのか、閾値《しきいち》はどれくらいか、土の含水率・日照時間・降雨量と根腐れ病の関係性はどうなっているのか、そういった精度の高い勘までは持ち合わせていない。

長谷川はその〝見える化〟を実現させて、栗農家の売上の上方均衡化と、就農者の増加を図り、サステナブルな笠間の栗を目指そうと考えた。

草刈りロボット

もう一つのICTは、『無人草刈りロボット（ロボモアKRONOS）』である。笠間は栗を比較的平坦な場所で多く栽培しているため、ロボット掃除機ルンバのように地面を這い回る機器は能力を発揮しやすい。山の斜面にある果樹園のようなところではそうはいかないだろうが、栗畑の除草に草刈りロボットはぴったりだ。

この草刈りロボットによる労力の軽減はとても大きい。

ただでさえ高齢者が多いところに笠間は盆地。6～9月の日射しのもとで行う草刈りや除草作業は、熱中症にしてくださいとお願いしているようなもの。その危険性から逃れられる。

相乗効果

栗だけではなく、ICTを活用しながら豚を育てるという面もある。

実は、マロンポークという概念は、長谷川が今回初めて打ち出したものではない。豚に栗を食べさせた人はこれまでも地元にいたし、いまも食べさせている人がいる。東大牧場で試験に使われた豚もマロンポークを名乗っている。

ただ、栗によって肉質がどのように変化したものをマロンポークと呼ぶかなど、細部は公的には決まっておらず、いまは各々が好き勝手に名乗れる。それを数値的、科学的に定義づけられたらいいと長谷川は思った。自分たちより先に行っているところとバッティングすることなく、みんなでマロンポークの完成を目指すのが本望だ。

あとは、ICTの実証実験を受け入れてくれる農家を見つけ、畑を使わせてもらうこと。栗を譲ってくれる農家や業者と手を組むこと。

長谷川はともに手応えを感じていた。ICTの話が農家を刺激していたからだ。そして、現場で働く人々とのコミュニケーションが進むに従い、話題の中心は栗の処理に移っていった。

穴を掘って捨てる埋設処理か、焚き火のなかに焼《く》べて灰にして畑に撒くか、そしてそれは良いことなのか。

日本一の笠間の栗ではあるが、専業の栗農家は片手で数えられるほど少ない。多くはメインの作物をほかに持ち、栗はサブ的な扱いだけに、処分するしかない栗の扱いに心血を注ぐまでには至っていない。

〈捨てるような栗の処理を申し出れば、これは心底喜んでもらえそうだ〉

長谷川の算段

同時に、長谷川はビジネスとして成功させるべく、そろばんを弾いていた。

プロジェクトにかかる費用はすべて鯉淵学園が立て替えて、1月から12月までに支出した金額を翌年3月に消費税抜きでみらい基金に申請すると、その9割が補助される。たとえば使った金額が税込2200万円なら、税抜き2000万円に対して1800万円が精算される。つまり、持ち出しは４００万円。３年で１０００万円以上の赤字を生む計算だから、甘いスキームではない。一刻も早い黒字化が望まれる。

「３年でトントンになるようにしたい」

再び自分で言った冗談に気づかないくらい真剣な眼差しで長谷川は言う。

その計算はこうだ。

笠間マロンポークの肉を通常の倍に近い価格で卸す。

１１０kgになるまで育てて出荷した豚が枝肉になると、７万数千円。

養豚場から仕入れる豚の代金、飼料代、そのほかの経費を差し引いて一頭につき２万円近い黒字になる。「これを年間５００頭まで増やしたい。最大で50頭ずつ10サイクルを考えています」

長谷川は、デパートなどでの小売価格をロース１００g４５０円と弾いた。トップクラスの豚肉の価格である。それは卸した肉が数倍の価値になるだけのブランド力が求められていることでもある。

長谷川は胸が高鳴った。

翌日は小田野の初出勤日だった。

第3章 ― 栗と豚

小田野の始動

2月1日、鯉淵学園農業栄養専門学校での勤務初日の朝、小田野仁美は新天地での仕事に緊張と興奮がない交ぜになった面持ちで長谷川量平に挨拶すると、

「まだ特にやることはない」

と言われ、職員らが揃う1階の事務室ではなく、2階のだれもいない部屋に案内された。机と椅子とストーブ、そして昭和の風情が漂う固定電話機のほか、備品はなにもない。なにかしようにもパソコンすらない。

〈本当にやることはないのかな〉

そんなはずはなかった。何回か行わなければいけない豚の給餌《きゅうじ》試験のスケジュールは迫っている。小田野は長谷川にパソコンの購入を打診し、許可を得て、クルマで買いに走った。

家電量販店から持ち帰ったデスクトップを設置、Wi-Fiを繋いで作業ができる環境を整えると、置かれていた笠間マロンポークに関するプレゼン資料に再度目を通し、大まかな全

体像を思い描いた。

〈このプロジェクトは自分の頭でストーリー・計画を作らないと動かないな〉

学園長として多忙な長谷川が、プロジェクトを実際にやり繰りしていけるわけなどないから自分が呼ばれたのだ。責任がズシリと肩に乗る。

昭和の電話機の受話器を手に取った。栗を分けてくれる農家を探すためだ。栗畑で実証実験をさせてくれる農家も見つけたい。

なんのツテもない小田野が電話帳の「あ」から順番にダイアルを回すと、『あいきマロン』に繋がった。

あいきマロン

『あいきマロン』は笠間で人気の栗専門店。圃場《ほじょう》を持っている栗農家でもあり、自社で栽培した栗や、近隣の契約農家から仕入れた栗を販売している。

穫れたての貯蔵生栗や、新栗を低温熟成させた熟成むき栗といった生栗はもちろんのこと、すぐに食べられる焼栗、焼栗アイスクリーム、焼栗プリン、大粒栗のほくほくカレー、栗おこわとラインナップは多種多彩。トップシーズンの秋になると関東各地から客が訪れ、週末ともなると店の前の道路は渋滞。平日でもガードマンが出て交通整理するほどの有名店だ。

そこまでの人気を誇っている要因の一つに、栗の保存方法がある。

栗ご飯を作ったり、渋皮煮、甘露煮にも人気の生栗は、冷蔵（0度）か、冷凍（マイナス30度）で貯蔵している。

冷蔵庫のなかに置いておくと、糖度が次第に上がるという働きも利用している。1カ月で糖度が2倍になることもある。ただし、そこから少しずつ劣化が始まるため、原則として冷蔵貯蔵は30日間を限度としている。

冷凍庫で貯蔵する場合は1年以上は大丈夫。翌年の新栗の収穫期まで客を楽しませる。

主力商品の焼栗は、これら貯蔵してある生栗を出して火にかける。

お菓子に使うのは収穫したばかりの栗にしている。貯蔵すると、どうしても水分が飛んでしまうため、瑞々しくて香りも高い栗を厳選している。

小田野は電話に出た女性に主旨を伝えた。代表取締役の西野歩だった。

「ＩＣＴ機器を取り入れてくれる栗農家をご存じないでしょうか？」

小田野は受話器を手に、

〈笠間の栗農家は各自、古くから独自の栽培をしているから、新しいＩＴ機器を圃場に入れることに抵抗を感じるのではないか……〉

そう懸念し、西野の返事を聞くのが少し怖かった。

ところが、先入観とは真逆の反応に驚く。

「どうぞ、どうぞ、うちの圃場でやってください。畑を自由に使ってください」

最新の技術に興味を示し、『草刈りロボット』を置かせてくれるという（一台４００万円する開発中の高級機種）。

電波の関係で『畑アシスト』は設置できなかったが、自社と契約を結ぶ農家を紹介してくれて、その圃場の土中にセンサーを埋めさせてくれた。

センサーは全部で16本あり、一年を通して鯉淵学園のパソコンやスマホに随時データが送られてきて（ＮＴＴドコモの協力）、土の成分量や水分量、ぺーハー、表面の照度などが数値で一目でわかる。栗農家がこれまで勘に頼っていた部分だ。センサーにより、勘では対応しづらい環境の変化に太刀打ちできるようになる。

たとえば数年前、石鎚《いしづち》という品種の栗だけが、実が小さくしか成らず収穫量がガクンと減ったことがあった。それが猛暑の影響か、雨が多かったためか、それとも別の要因か、あるいは複合的な理由か、栗農家の記憶というアーカイブに基づく勘だけでは解明できなかった。それらがデータの蓄積によって明らかになってくれば、対処の仕方が見えてくる。何年かかるかわからないが、栗農家全体の財産になるのは間違いない。

聡明な西野歩はそれを見越し、二つ返事で小田野の提案を受け入れた。

縁

「あ」からかけた電話で即OKをもらえたことに、小田野は不思議な感覚を抱いた。最初は〈なんてラッキーなの！〉と思ったが、次第になにか見えない力が働いた気がしてきた。

実は、あいきマロンの創業者である稲垣繁實（現取締役）の自宅は、鯉淵学園で果樹を教えていた堀田弘教授の家の隣りだった。合気道という共通の趣味もあり、稲垣は堀田が長年温めていた栗の栽培方法を教えてもらっていた。これが栗との初めての出会いで、それまでは異業種のエンジニア兼経営者だった。

稲垣は２００９（平成21）年、自身が代表取締役を務める稲本マシンツール工業の技術顧問に鯉淵学園教授を退任した堀田を招き、２０１０（平成22）年に栗栽培事業を開始。徐々に規模を拡大し、２０１４（平成26）年にあいきマロンを設立。そして5年後の２０１９（令和元）年、稲本マシンツール工業が持っていた栗の矮化《わいか》栽培の特許と、現店舗を引き継ぎ、後継企業となった。

鯉淵学園を名乗った小田野にあいきマロンが協力した背景には、こんな縁があった。さらに、長谷川が驚愕した無料で栽培方法を教えている農家が、このあいきマロンの稲垣だった。

稲垣が開発した矮化栽培は、樹高が２m程度の低木にして栗を収穫するというもの。いくつもの特長があり、一つは木が低いことによりドローンによる農薬散布が比較的簡単で、風などによって飛散させずにできること。人力で農薬散布を行うと作業をする者が頭から浴びる。その被害を考えると低空飛行のドローンは画期的。「日本で初めてじゃないですかね」と、いまも進取の精神に富む稲垣は言う。こうしてフェアトレードなど生産者側に立って食材の評価をする人々から支持を得ていることも、繁盛の一因だろう。

あいきマロンは、1カ所の圃場に3品種を植えている。矮化栽培に適しているぽろたん、筑波《つくば》、石鎚《いしづち》で、それぞれ早生《わせ》、中生《なかて》、晩生《おくて》と収穫の時期をずらしている。

ただ、小田野のもう一つのミッションである廃棄する栗の確保はかなわなかった。栗はオフシーズン真っただ中だった。

処分される栗を求めて

ICT活用のメドは立った。次は子豚たちの飼料になる栗集めである。小田野は栗農家に電話をかけて、無料での回収サービスを申し出た。

だが、やはり2月の栗畑に栗はない。実ってもいないし、落ちてもいない。何軒もの栗農家に断られた。というより、協力したくても「ない」のだから仕方ない。

不可抗力、どうしようもない。それでも長谷川に「ありませんでした」とは言えない。小田野は友だちのツテも頼って栗農家を探しつづけるが、留守が多いのだろうか、電話をかけてもなかなか繋がらない。そもそも、いまどき電話帳に掲載している固定電話番号に架電してもあまり出ないものだ。年配者だって急ぎや重要な連絡は携帯電話という時代。それでも何度も何度もかけていると、２月も終わるころ、受話器を取った12軒目の農家が興味を示してくれた。

「焼酎に漬ける栗なら、冷蔵庫で保管してるよ」

小田野は飛び上がった。すぐにクルマを走らせ、取り急ぎ5kgだけ譲ってもらった。それも含めて400kgを冷蔵して置いているという。飼料を実験的に作るには十分すぎるくらいだ。

「ありがとうございます。では、また頃合いを見て取りに伺いますので、そのまま保管しておいてください！」

そう伝えて5kgの栗を学園に持ち帰ると、絶対に腐らせてはいけないと思い、間違っているかもしれないが一粒ひと粒アルコールできれいに拭いた。

しばらくして本格的に飼料作りを始めることになり、保管してもらっている栗農家に回収の電話を入れ、

「いつ取りに伺えばよろしいでしょうか？」

と都合を聞くと、

「あ、あの栗ね。もうないよ。取りにこないから腐っちゃって、捨てたよ」

と半ばあきれられた。

「……」

栗は冷蔵庫で摂氏1度で保管しても数カ月、場合によっては2～3カ月しか持たないことを知らなかった。

〈そういえば、電話したとき「急いで取りにきてね」と言われていたっけ……〉

やらかしてしまった。小田野は農家に迷惑を掛けたことを詫びると同時に、本気で焦りはじめた。

〈またイチから農家に電話をかけて、すぐに見つかるものなのか……〉

そのとき、栗加工会社の工場が9月に笠間にオープンするという話を耳にしていたことを思い出した。

〈稼働間近なら、栗を仕入れているかもしれない！〉

連絡を取ってみると、予想通り、試作用の栗を保管しているという。本来、求めていた処分される栗ではなく、加工商品を作るためのちゃんとした栗だが、そこは問題ではない。

「分けていただけませんか！」

栗の加工用工場が譲ってくれたのは、茹でてから押しつぶして割り、果肉をくり抜いたあとの残渣《ざんさ》。モンブランなどに使うために一番美味しい部分を掬い取った残りだ。とは言っても渋皮ギリギリまでこそぎ取ってはおらず、食べられる部分がまだたくさん残っている。なかにはひと掬いしか取っていない栗もある。平均すると可食部分の40％ほどが残っていた。子豚にとっては最高のご馳走だろう。

加工工場からの栗残渣

それを150kgもくれた。小田野は急いで学園の直売所の裏手にある冷凍庫に押しこんだ。空いていたので使うのは早い者勝ちだと思った。

それにしても、なぜこれほど美味しい部分を残すのか？　スイカなら白い部分が出てくるまで食べ、高級メロンなら果肉と皮の境目までえぐる者からすると、その理由がわからない。

聞くと、それこそがブランドだという。たとえペーストなどの加工品になるとしても、原料として笠間の栗を名乗るならば、少しでも黒ずんだ箇所は使ってはいけないし、渋皮に近い部分が入ってもいけない。高級なモンブランになったとき、そこに一流品か否かの差が現れる。

小田野は自分もその笠間の栗を使って飼料を作り、養豚場から仕入れた子豚を立派なブランド豚を育てるのだと、身の引き締まる思いがした。

豚の品種

鯉淵学園が笠間マロンポークプロジェクトで採用する子豚は、一般的な三元豚だ。養豚に用いられる豚は国内に以下の6品種がいる。

①大ヨークシャー種（略称W）……6品種のうち最も歴史がある。白色
②ランドレース種（略称L）………日本で一番頭数が多い品種。白色
③デュロック種（略称D）…………耳が寝ている。赤褐色で別名「赤豚」
④バークシャー種（略称B）………黒色。バークシャー同士から産まれるのが「黒豚」で、鹿児島のものは特に美味とされる
⑤ハンプシャー種（略称H）………黒色で腹はあずき色

⑥ヨークシャー種（略称Ｙ）………白色。「中ヨークシャー」とも言い、美味しい

このほか、高級種として純粋金華豚やトウキョウＸなど、希少種として梅山豚《メイシャントン》などが知られる。

日本の食肉用の主流は略称『ＬＷＤ』と呼ばれる鯉淵学園も飼う品種。大ヨークシャー種のオスと、最も繁殖能力が高い品種であるランドレース種のメスを掛け合わせて産まれたメス豚『ＬＷ』に、最も産肉能力の高い品種であるデュロック種のオス豚を掛け合わせるとＬＷＤになる（三元豚の一種）。

豚の成長スピード

子豚は体重１kgほどで生まれると、すぐにお乳を飲みはじめる。母親は子豚が離乳するまでの１カ月のあいだ、一日に何度も授乳し、生後１カ月で５倍の５kg、２カ月で10倍の10kgという速さで成長させる。人間の赤ちゃんが３～４kgで誕生し、満１歳で約10kgであることを思うと驚きだ。子豚は最終的には飼育期間６カ月で１１０kgとなり出荷のときを

迎える。

子豚がオスの場合、生まれて1週間ほどの授乳時期に去勢を行う。

去勢する理由はいくつかあり、一つは気性の荒さを抑えるため。

オスはやはり獰猛で、喧嘩が始まると簡単には終わらず、上下関係がハッキリするまで闘いつづける。実力が伯仲している場合は大怪我をする可能性が高く、最悪の場合はどちらかが死に至る。去勢をすると、そこまでヒートアップすることはない。

では、メスは喧嘩しないのか？

「メス同士でも、生まれ育った養豚場が違う者が顔を合わせると喧嘩になります。その点を考慮して、同じところで生まれた子豚、できれば同じお母さんから生まれた子豚を飼うようにしています。豚は一度の出産で10頭ほど誕生しますので、姉妹を購入すれば顔見知りですし」

と鯉淵学園が採用する子豚の飼育を受け入れることになった日本農業実践学園の加藤達人理事長は言う。メスはさすがに殺し合いにまで発展することはない。

去勢するもう一つの理由は、オスは去勢しないと丸々と太ってくれないこと。筋肉質になって肉が硬くなり、食肉には向かなくなる。去勢するとそうならず、メスよりも成長スピードが高まり、速く太る。メスと去勢したオスでは、110kg超という出荷に適した体重になるまでに1週間くらいの差が出ることもある。

去勢する理由の3つめは、オス独特の臭いが肉に付かないようにするため。豚肉の豚臭さはこの性臭が大きい。

オスにはこういったマイナス面があり、肝心の味も一般的に「メスのほうが美味しい」と言われる。

栗の粉砕機

ICTが稼働しはじめ、飼料となる栗が手に入り、あとは子豚を仕入れて実践学園に預けるだけ。小田野はもう一度、頭のなかを整理してみた。

〈ところで、豚は栗をそのまま食べてくれるの？〉

鯉淵学園のほかにも、笠間の農家や東大牧場がマロンポークを名乗っている。豚が栗を食べてくれるのは間違いない。だが、毬《イガ》から外して黒茶色の鬼皮が付いたまま丸ごと食べさせているとは思えない。「そんなことしたら、そのまま糞と一緒に出てくるよ」と聞いたこともある。小田野は家畜飼料の大家である高田良三のレクチャーを受けた。収集した栗は粉砕して配合飼料に混ぜるのだと知った。

〈栗を粉々に砕く機械が必要だ〉

豚に与える栗飼料は、不要となった栗の回収→機械による粉砕→自然乾燥→袋詰めというサイクルで出来上がることがわかった。

ただ、だれに尋ねても栗専用の粉砕機など、見たことも聞いたこともないという。それはそうかもしれない。鬼皮が付いたままの堅い栗を砕いたとして、いったいどんな商品になるというのか。

〈日本には栗の粉砕機なんて存在しないのだろうか……〉

小田野はメーカーを調べて電話した。

「栗ですか？」

ようやく見つけたメーカーは、受話器の向こうで戸惑っているように感じた。以前に注文を受けて製作したがクレームを受けたのだろうか。栗は水分が多いため砕く段階で練り物のようになってしまい、機械のなかで詰まってしまうと男性が言う。

〈断られるかもしれない〉

不安が募る。でも、栗を粉々になるまで砕いて、それを豚たちに口にしてもらわないといけない。小田野は受話器を握る手に力が入った。

「カチンカチンの冷凍の栗だったらできるかもしれないので、とりあえずやってみましょうか」

個人でやっているというその男性は、栗に特化した粉砕機をオリジナルで作ってあげると言ってくれた。

小田野は小躍りし、実験用の栗を送る段取りを整えた。冷凍庫にしまってある栗を渡せばいい。

メーカーに何粒か送ってみたところ、まずは既存の機械を改良した試作機を使って粉砕、数日後に戻してくれた。

〈粉々だ。おっ、これはできるかもしれない！〉

小田野は個人メーカーとハンマーの形状や全体の仕様など、オリジナル機の相談を電話で行い、

「一度工場を視察させてください」

とアポを取った。

訪問時、小田野が前回試しに送った冷凍栗よりも難易度の高い柔らかな生栗と、ペースト工場で削ぎ落とし終わった栗を持参すると、それも試作機はちゃんと粉々にしてくれた。

長谷川の決裁を得て、3月10日にオリジナル機の製造発注をかけた。

だが、ウクライナ戦争の影響で部品の調達がままならず、2カ月後に納品できるかどうかだという。長谷川に尋ねると、養豚場に手配した子豚は5月に入ってくる予定とのこと。なんとか間に合いそうだ。胸を撫で下ろす小田野に長谷川は告げた。

「一人、手伝ってくれる男性を入れるから」

新卒の常井聖也。長谷川は、孤軍奮闘して軌道に乗せつつある小田野の姿をちゃんと見ていた。

子豚の生活環境

そのころ、実践学園の加藤達人理事長は委託される子豚の住処を整備していた。

加藤は、豚舎を「もみ床」にして待つことにした。子豚たちの生活スペースのすべてを100％もみ殻にするのだ。

木材を加工する際に出るおがくずを敷いたり、粉砕したウッドチップをおがくずに混ぜたりする「おが床」が多いなか、加藤は深さ1m、見るからにフカフカの地面をもみ殻で作った。

当然、子豚は脚が埋もれてしまう。歩くのも一苦労。でも、そこがいい。知らず知らずのうちに適度な運動になる。

もっとも、たくさん脂の乗った豚に育てたいのであれば、あまり運動させないほうがよい。動き回れないようにするか、歩きまくっても負荷がかからない硬い地べたにすれば、丸々と太る。

加藤がもみ殻の敷き材にしたのは、もともと豚は、十分に食べさせて運動量や体への負荷を増やしても、そのとおりに筋肉が付くというものではないことを知っているからだ。筋肉が発達するよりも早いスピードで腹回りや背中を中心に太る。従って、自重で沈んでしまうほど歩きにくいもみ床で飼っても、筋肉隆々の豚にはならない。

もちろん、全く筋肉が付かないことはない。走り回れるような豚舎で飼育をすれば、太ももをメインにがっちりした脚になる。ただ、もも肉はそれほど人気がなく市場価格が安いので、売上に大きくは寄与しない。

加藤が用意した適度な運動になるもみ殻の敷き材は、豚にとっては、体の面よりも精神

もみ床の深さを1mにするべく、実践学園はちょっとしたリフォームを施して迎え入れた

面に好影響を与える、ストレスフリーな環境を整えたと言えるだろう。「実践学園さんのオリジナルです」と常井。そして、「栗の木のおがくずを少し導入してもよさそう」と先を見据えた。

もみ床は、衛生面も特筆できる。

1カ月に一度、豚の入れ替えの際にもみ殻も入れ替える。このとき、ホイールローダーで深さ1mの層を引っくり返しても、糞尿の臭いがひどく立ち上ってはこない。もみ殻についている微生物が「腐敗」の方向ではなく「発酵」の方向に働いてくれていると思われる。

生活スペースの広さにも配慮した。

加藤は野ざらしの〝放牧豚〟とまではいかないが、〝群飼《むれが》い〟や〝密飼い〟と言われる過密飼育はしないことに決めた。一頭あたりの飼育面積は、工場型養豚の0・8㎡の2倍にあたる1・5㎡という広いスペースで育てる。こちらも、子豚にとってストレスフリーの環境を目指してのことだ。

これらの相乗効果を得て、胸を張れるマロンポークの誕生を図るのだ。

子豚の到着

子豚は加藤から紹介された養豚場に発注をかけていた。実践学園の豚舎で飼育するなら、すでに付き合いのあるところから仕入れたほうがいい。同じ養豚場で生まれ育った子豚のほうが、先住豚たちにとって病気のリスクが少ないと考えた。

小田野は、子豚が到着するまでに豚舎を整えるべく、常井とともに高圧洗浄機を使って掃除、消毒を行った。今回借りる豚舎は長いあいだ使っていなかったこともあり、結構な準備が必要で、加藤だけに頼るわけにはいかない。

5月18日、実践学園の担当者も待ち構えるなか、子豚が軽トラックの荷台に乗ってやってきた。人生で初めて豚を見る小田野は目の前の8頭にドギマギしてしまい、プロジェクトリーダーであることを忘れて動画の撮影に没頭した。

栗飼料を食べさせる

カッターが回って粉砕していくが、水分が多いと練りものを作ってしまう

2台目の粉砕機も150万円ほどと高価。いまはこちらをメインとして使い、粉々にする2度目の粉砕のときに初号機を使っている

粉砕機の納品の日が来た。

熟練の技術者が作ってくれた粉砕機は電圧200ボルトで動いた。一般家庭用の100ボルトの2倍の力で押し出す。ただ、200ボルトの電圧にしてある建物は鯉淵学園内でも少なく、作業はそのなかに限られるため、小田野と常井はキャタピラを転がして運び入れた。

粉砕機第1号は、仕様書に従えば、一度に8個の栗を処理できた。もっと大量に粉砕したいが、予算の関係でこれが精いっぱい。

しかし、小田野は〈10粒くらいは大丈夫じゃない？〉と思って試しに投入してみた。すると、あっさりと粉々してくれた。

仕様書以上の性能の誇るうえに、カスタマーサービスも文句なしだった。水分量の多い栗を投入したばかりにガガガッという異音とともにガムのような練り物を作って機械が止まってしまっても、技術者に電話を入れると無料で解決しに来てくれた。

一方で二人が手を焼いたのは、栗の臭いに誘われて蜂が寄ってくること。時にはスズメ蜂までやってきた。ブンブン纏《まと》わりつく蜂を横目に作業するのは大変な緊張を強いられる。蜂の侵入を許さないビニールハウスなどの場所に粉砕機を移動できたらどんなに楽かと思った。

そうして出来上がった栗飼料を、クルマで数分の実践学園に持っていって豚に与えてみたところ、尖ったところが当たって口のなかが痛いようで、鬼皮の部分だけを見事に避けて食べていた。

〈2度粉砕機にかけないとダメかな〉

小田野は一度粉々に砕いた栗をかき集めて再び粉砕機に投入、サラサラになるまで砕き、もう一度与えてみた。今度はしっかり食べ切ってくれた。

栗の乾燥

粉砕機で粉々にした栗を乾燥させるのも一苦労だ。和栗は水分が多く、含水率は50％を超えるとされ、ちょっとした大きさのひと袋が20kg以上の重さになったりする。機械がうまく砕けない場合は練り物になって詰まる。また、粉々にしたあと、すぐに乾燥させないと傷む。暑い時期はカビが付くのも早い。小田野は農家が保管していた栗を腐らせてしまったポカを思い出した。だが、学園には、大きな冷蔵庫や冷凍庫はない。直売所の冷凍庫もいつまで使わせてもらえるかわからない。

そもそも乾燥させずとも、栗がいつまでも傷まず、カビも付かずに置いておける方法があればいいのだが、小田野が食品学の先生に、

「一番お金のかからない保存法はなんでしょう？」

と尋ねたところ、

「乾燥だね」

という回答だったため、選択肢は乾燥だけになった。

二度粉砕すると鬼皮は跡形もない

では、乾燥は、どのようにするのがよいか？

粉砕した栗を干す方法を書いた本など、ニッチすぎて存在しない。先生たちだって、そんなノウハウを持っていない。

小田野は自分の頭で考えた。つい最近、学園内でタマネギを干している場面に遭遇していた。その光景を思うと、天日干しがベストで、日照時間が少なく寒い時期は室内がいいという予測がついた。

タマネギと栗との違いは、タマネギは粉ではないこと。栗は粉だから真っ平らなところに置くのがいい。デコボコしていると、くぼんだ部分に嵌《は》まってカビが付く。だからゴザのような凹凸や溝がある敷物の上は良くない。

そこで、網戸を試してみた。購入する予算はないので、見たところ使われていない教室などの網戸を内緒で外し、その上にカビないように薄く薄く1cm未満の厚さで満遍なく散りばめて干してみた。

すると、目の細かいものを選んだこともあって通気性は上々のようで、素早く乾燥できるように見えた。ただ、その網戸を置く場所として長谷川から指定されたガラス室は、雨漏りするという弱点があった。小田野は状況を説明して学園の敷地内のビニールハウスに網戸置き場を確保した。

網戸の目からこぼれ落ちる粉も貴重なため、先に地面を踏み固めて平らにしたうえで、購入したブルーシートを敷いた。ブルーシートだけではカビる恐れがあるので、その下に防水シートを敷いた。防水シートといっても、だれかが置きっぱなしにしていたマルチを、網

ワラで編んだムシロでも、イグサの茎で編んだゴザでも、地面に敷くと湿気に弱い。敷く前に乾燥剤を置いているが、やはり栗はカビた。雨漏りのする建物のなかだったのもカビの遠因か

1回目の試験に使った栗飼料は、網戸で天日干しした栗を使った

ビニールハウスは初めは3棟使わせてもらえた

戸と同じく気づかれないように漁《あさ》ってきただけだった。

次の問題は、外せる網戸の数が限られていること。外しているところを見つかって、職員から「戻しておいてください」と叱られたこともあり、網戸以外の干し台を見つけなければならなかった。

小田野は程なくして、網目の小さな薄いネットなど、小さな穴が開いているものならなんでも漁る癖がつき、思わず独りごちた。

〈漫画みたい〉

足りなくなった網戸に代わるものを探しているとき、干し芋を乾燥させる台があることに気づいた。隙間があるプラスチック板だ。そこに薄いガーゼを敷いて結束バンドで締めれば、代用品になるはず。問題は、その板が全部合わせても15枚ほどしかなく、網戸とともにフル稼働させても、とてもじゃないが続々と砕かれる栗の量に追いつかないことだった。

一度粉砕した段階の栗。干し芋を乾燥させる台で乾かしているところ

「乾燥は私がなんとかしますから、常井さんは粉砕を頑張ってください」

蒸し暑いハウスのなかで疲労困憊《こんぱい》してくると、自分に言い聞かせるように声がけした。

栗飼料の袋詰め

乾燥を終えた栗の粉を、ビニールハウスのなかで米袋に詰めているときだった。長谷川から指示が来た。

「ハウスでサツマイモ苗を作ることになったので、3棟使っている乾燥エリアを1棟にしなさい」

乾燥エリアと、出来上がった栗の粉を保管する場所の縮小だ。作業量も出来高も増えているだけに、スペースが狭くなるのは頭が痛かった。

また、米袋も不足しはじめていた。学園にあった200枚は使い切っていて、新たに500枚ほど買うには経費をかけるしかない。

だが、幸いなことに、ちょっとした道具や素材、機材は学園内に元々あり、購入する必要がないため予算は残っていた。これを鯉淵学園以外が新規事業としてゼロからやりはじめていたら、とてもじゃないが資金が足りないだろう。次から次へと難題がやってくるが、それを解決できる下地があることは心強かった。

「お陰で米袋もブルーシートもたっぷり買えて作業がはかどりました」

小田野は机の前に座って悩んでいるよりも、歩きながら、動きながら、課題の壁にぶつかっていき正答に出会うやり方が、自分の性に合っていると思った。そんな自分を知れたのは意外だった。

ところで栗は足りるのか?

聞くと、笠間だけで年間数十トンもの栗が廃棄されているから、仮に60トンとすると、水分量が50%として、正味で30トン＝3万kgの飼料の元がある計算になる。小田野は安心すると同時に驚いた。

「処分される栗って、こんなに大量に出るものなんだと。っていうか、これまでもこんなに出ていたものを、いったいどう処理していたのと、そう思いました」

一頭の豚が一日に3kg食べる飼料のうち、栗の比率を20%とした場合、0・6kgの栗が必要になる。30日間で18kg、年間216kgの栗が消費されるが、笠間の栗だけ約1400頭分あり、長谷川が目指す500頭分は余裕でまかなえる。

そんなにたくさんあるのなら、生の栗、蒸した栗、焼いた栗、豚はどれを好んで食べるのか、そんな実験もしてみたいと思った。なにせ、豚の味覚は人間と同じで、甘みも塩みも苦みも認識できる。特に甘みは大好きだ。嗅覚は人間の何倍も優れている。たとえ好みに差がないのであれば、それはそれで栗の素性を気にすることなく与えられるので、回収先の選択肢が広がる。そんなことを考える余裕も出てきたが、その前に、

「栗をどれだけ与えるのが正解か？」

という難問があった。

栗の比率

子豚は、肉豚を成長させるのに適した専用の飼料でグングン育つ。子豚の摂取基準を満たした「配合飼料」である。

配合飼料の内訳は、トウモロコシや米、小麦といった穀物類が65％、大豆や菜種の油かすといった植物性油かす類が20％、米ぬかなどの糟糠《そうこう》類が10％弱という比率。これに菓子屑や食塩、クエン酸で味付けし、さらに「飼料添加物」として各種ビタミンなどを入れている。

豚はこの配合飼料を一日に3kgほど食べて大きくなる。体重100kgとして、その3％を摂取する計算だから、人で言えば70kgに対して2kg以上。これはご飯茶碗10杯超に当たる。

マロンポークを名乗るのであれば、飼料は絶対に栗にしなければならない。

しかし、評価が定まっている配合飼料と飼料添加物を減らして、その代わりに栗を食べさせたらどういう結果になるのか、それはだれもちゃんとした実験を行ったことがないのでわからない。栄養不足になりはしないか、成長が遅くなってしまうのではないか、そしてなにより肉の味が変わってしまうのではないか、そういった懸念がいくつかある。

小田野は自身が抱える課題のすべてを解決できるプロフェッショナル高田のアシストを再び得て、栗飼料の給餌試験へと駆けはじめた。

第4章 給餌試験開始

急ピッチで飼料作り

複数回予定している給餌《きゅうじ》試験の第1回用の栗飼料が足りなくならないように、小田野仁美は常井聖也とともに栗の回収と飼料作りを続けた。農家からもらった栗や、ペースト工場から出た残渣《ざんさ》を積む軽トラックが手配できないときは、オートマ限定の運転免許ゆえマニュアルが主流のトラックで行くことはできないため、自宅ガレージから可愛い愛車を駆り出して、泣く泣く後部座席に押し込んだ。匂いが充満する。

自力での回収に加えて、栗の安定した調達を図るために鯉淵学園農業栄養専門学校の入口近くにテントを張り、「ここに栗を置いていってください」と地域の農家に訴えかけてみた。あまり大きな期待はしていなかったが、始めてみると数軒の農家が提供してくれるではないか。意外だった。自分たちのプロジェクトが多くの賛同を得ていることを肌で感じて、見知らぬ農家に頭を下げた。

ただ、学園の職員からは、また叱られたと苦笑いする。

「勝手なことをして」

チラシを見た農家があいきマコンに持ってくる栗は、3日でポリバケツ1杯分くらいになる

出勤する前に加工工場に寄って栗を回収、積めるだけ積むのが小田野と常井の日課。残渣は一日に100kgほど出る

「黙ってテントを持ち出さないで」

粉砕した栗を乾かすために網戸や防虫シート、マルチなどを〝ちょっと拝借〟したときと同じく、思い立ったらすぐに行動に移す性格が裏目に出た。

協力態勢を敷くあいきマロンもチラシを作成して栗を回収している旨を店頭で告知、何軒かの農家から提供を受けていた。

まだ秋の収穫最盛期を迎えたことがないので、8月下旬から10月下旬にどれだけの農家が協力してくれるかわからない。予想量よりも伸びなければ、やはり農家にとって持ち込みは手間がかかって面倒という結論になろう。その際は、損益分岐点の500頭の飼料を確保すべく、軽トラと愛車をフル活用して、回収に猪突猛進しなければならない。

それよりなにより、いまは第1回目の試験に向けて、回収、粉砕、乾燥、袋詰めとフル活動が求められている。

常井と一緒に遅くまで作業しながら、疲れて無言になっていくことが増えた。気づくと普段は元気で力持ちの常井も、手だけ動かしながら黙り込んでいた。

栗給餌試験の変数

小田野が試験で得たいと思う答えは4つある。

①一日の飼料の量

豚は一日に肉豚肥育用配合飼料を3~4kg食べる。密飼いであまり動かない(動けない)豚たちは3kgで十分とされている。

大きく育ってもらわないといけないので3kg以下にすることはできないが、4kgは多すぎるのか？　それ以上食べても太らないという閾値《しきいち》はあるのか？　体重との相関関係はどうなのか？

②栗の配合割合

配合飼料に混ぜる栗の割合は０〜１００％で設定できる。栗１００％とは配合飼料０％ということで、栗だけを一日に３〜４kg食べさせることになる。もちろん、これは現実的ではないが、では、一体どれくらいの割合がベストなのか？　①の答えとも関係してくる。また、豚が喜んで食べる栗だが、栄養価は配合飼料に劣る。では、配合飼料はどこまで減らせるのか？　上記とも関連する数字だ。

③栗飼料を与える日数

栗飼料は、生まれてきたばかりの赤ちゃん豚ではなく、離乳後、配合飼料によってある程度成長したあとの子豚に与えるとして、どれくらいの期間与えれば肉質に違いが生じるのか？　仕上げとして出荷する直前の30〜60日ではどうか？

現時点では無料の栗を長期間与えたほうが飼料代が助かるという経済面もあり、一番効率的なポイントを見つけたい。

④季節要因

豚は暑い時期は飼料をあまり食べなくなるので、暑熱環境下の8月の飼育は避けたい。夏に食欲が落ちる理由は簡単で、人と同じく寒いと体温を維持するべくエネルギーが必要で、そのために飼料をたくさん食べるのに対し、暑いと基本的には食べれば体温が上がってくるため、その暑熱ストレスを避けようとして食べなくなる。

食べないのであれば、豚が食べられる量のなかに栄養素をいっぱい入れて濃い飼料にする必要がある。その調整はどのように行うのか？

以上、まとめると、栗給餌試験とは、「春秋冬」において「何kgの配合飼料と何kgの栗」を「何日間」与えると最も美味しい豚肉になるのかという問いへの最適解を、ビジネス面も視野に入れつつ求める実験ということ。

小田野は「最も美味しい」を客観的に現す指標として、通常は3％といわれる脂肪定量を6％とした。これはロースの赤身の部分にサシ（霜降り）が入ってはっきりとマーブル

（大理石）状になる数値と言える。

海外に参考になる豚がいることを高田良三から聞いた。

スペイン北西部の端にあるガリシア州にいる、地元で穫れる栗を食べて育つ『ガリシア豚』という三元豚である。

飼育期間は一般的な豚の180日前後よりも長い約220日。脂肪含量が通常より50％ほど多い霜降りが特徴で、グルタミン酸の量も30％ほど高くて甘みが強いという。一定量のサシが入っていると州政府が公認して高級ブランド豚となる。

このガリシア豚に与える栗の量は一日に300g程度、給餌期間は150日。

小田野は目標とする豚がいることを知り、俄然やる気が高まった。

試験1回目　初夏

1回目の試験は2022（令和4）年5月18日から7月29日までの73日間、メス8頭で行う。日本農業実践学園の豚舎を借り、間仕切りして豚房を2つ作り、4頭ずつを飼育する。

近くの養豚場から生後100日、40kgほどでトラックに乗ってやってきた8頭のメスは、生まれて3カ月ほどだから、まだ子豚である。初めての引っ越し。いきなり居住環境が変わり、そのうえ飼料まで変わるとストレスで参ってしまうので、来て最初の1カ月ほどは、これまでと同じように配合飼料を食べさせて慣れさせることにした。常井は言う。

「もう一つの理由は、若い子豚に栗飼料を与えると、その時期というのはまだきちんとした筋肉を作る段階ですから、やはり100%配合飼料を与えた場合に比べて成長が悪くなります。たとえば、ロースの肉の部分が小さくなってしまうのです。栗飼料は、ちゃんとした筋肉が出来上がったあと食べさせたほうがよいのではないかと思います。ある程度大きく育ってから、終盤に栗飼料で仕上げるわけです」

8頭のうち、小田野が選んで分けた4頭にだけ栗飼料を与えはじめたのは6月の中旬。配合割合は8%で、出荷までの44日間食べさせることにした。飼料の総量は配合飼料100%の4頭と同じ一日に3kg。つまり、栗は一日240g。

試験期間を44日間としたのは、せめて1カ月は栗飼料を与えないと肉質が変化しないだろうと考えたためであり、また、栗飼料を2カ月間与えられるほど栗が確保できていなかったためでもある。小田野は言う。

「それでも、オフシーズンに栗を探しはじめて農家や加工工場から入手できたこと、そして粉砕機を作ってもらえたこと。栗飼料はわずか８％の配合ですが、試験に踏み切れたのはホント奇跡みたいなものなんです」

もう一つ、期限を7月29日としたのは、真夏は飼料の食べが悪くなるからそのリスクを避け、８月に入る前に出荷しようと考えたため。従って、出荷時には目標の１１０kgに届かない豚もいるのは折り込み済みだ。

なお、当初は栗飼料の配合比率を10％にして30日間給餌する案もあったが、８％の44日間のほうが効果がわかりやすいと、高田がアドバイスした。

驚くべき結果

豚は外見だけでは、相当慣れてこないと見分けがつかない。

栗飼料（配合飼料＋栗）を与える豚と、配合飼料だけの豚とが混じると困ったことになるので、豚の背中に小田野と常井で黒いスプレーを吹きかけて背番号を描いた。週に1回の体重測定などで成長面や健康面を記録、食肉になったあとにトレースしていく際のナンバーにもなる。

7月29日、食肉センターに出荷すると、後日「何番ロース」「何番も肉」として鯉淵学園に戻ってきた。特にロースは、サシが入っているかどうかを確かめるために、1本5kgほどすべてを買い戻す契約にしていた。

8月1日、小田野は戻ってきた肉の冷凍サンプルと対面した。感情を挟まずに数値をチェックしようと思った。

というのは、小田野は出荷する豚を荷台に乗せたトラックの助手席を譲らず、食肉センターまで付いていったのである。施設に着いて8頭の豚を降ろしながら、〈誇らしい〉と思ったという。

「自分が誇らしいのではなくて、栗を食べて育った4頭をはじめ、みんなで育てた8頭が、ほかの豚よりも立派に思えて……」

鯉淵学園の検査台に置いた笠間マロンポークの肉は、解凍が進むにつれて見た目の違いが明らかになっていった。薄いピンク色をしている。ロース以外の部分も同じようにサシが入っている。

結果は、栗を全く与えない4頭の脂肪定量は平均2・4%、栗を与えた4頭は平均3・4%と、1ポイント多かった。

小田野は科学的な数値だけではなく、人間の五感（視覚、聴覚、味覚、嗅覚、触覚）による「官能検査」の手筈《てはず》も整えていた。鯉淵学園の学生や職員にAの豚とBの豚の2種類を食べてもらい、4点満点で評価してもらうのである。参加したのは10代から70代まで男女半々の50名。有意差のある数値が出た。

	栗飼料		対照区
柔らかさ	3.8	↑	3.4
ジューシーさ	3.8	↑	3.4
脂っこさがない	3.1	↑	3.1
臭みが少ない	3.6	↑	3.5
総合評価／平均	3.6	↑	3.3

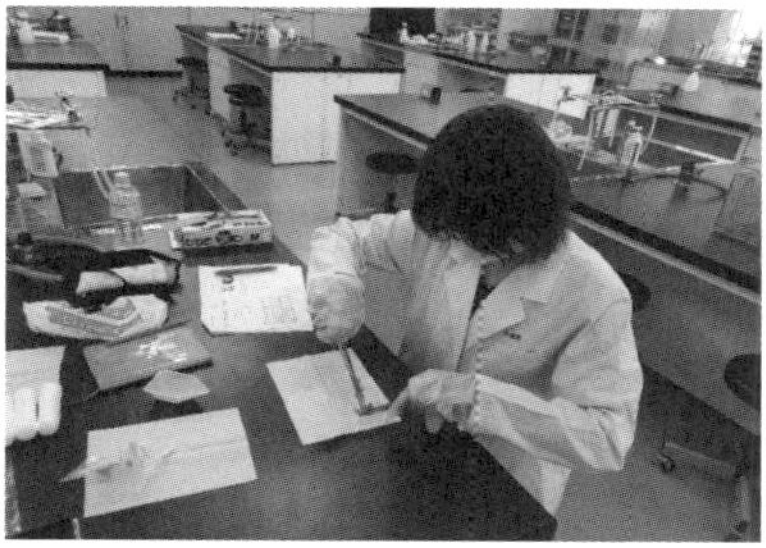
栄養科の実験棟で検査

この一連の試験を何度も繰り返し行い、栗を食べさせることによって肉質にどのような変化が起きるのかを明らかにしていくのだ。

後日、この試験を聞きつけた『道の駅・笠間』から声がかかり、栗に関係している人だけが出店できるイベントへの参加が決まり、小田野はぶた丼を提供した。ミニが500円、大盛りが800円。近隣住民や栗農家などから大好評だった。

なぜ脂肪が増えた？

第1回試験で、栗飼料を食べた4頭の脂肪定量は平均3・4％と、そうではない豚よりも4割以上も脂が乗っていた。栄養満点の配合飼料は栗飼料が混ざったことにより8％減っているのに、霜降り度が増していた。

結論から言えば、これは栗飼料が効いたのではなく、「リジン欠乏」が起こったからだと考えられる。栗飼料が加わったことにより配合飼料のなかに含まれる「リジン」という必須アミノ酸が8％減ったため、サシが入ったのである。

人も豚も、20種類あるアミノ酸はタンパク質を構成するのに不可欠な物質であり、1種類でも欠けるとタンパク質は合成できない。そのなかでも必須アミノ酸は、豚が自分の体内では作れないため、ほかから取り入れるべく食べたり飲んだりしなければならない。不足すると筋肉や臓器など、体のさまざまな部分が十分に出来上がらず、機能しない。

最初の1文字を取って「トロリーバス不明」という覚え方でも知られる必須アミノ酸は以下のとおり。

①トリプトファン
②ロイシン
③リジン
④バリン
⑤スレオニン（トレオニンの旧称）
⑥フェニルアラニン
⑦メチオニン
⑧イソロイシン

これにヒスチジンを加えた9種類が必須アミノ酸だ。乳幼児にとってはアルギニンも必須アミノ酸で、準必須アミノ酸とも呼ばれる。

面白いことにタンパク質は、9つの必須アミノ酸のうち一番少ないものに合わせて作られる。たとえば、トリプトファンが最も少なくて10しかないと、ロイシンやリジンが30あっても、差の20は無駄になり、分解されて体外へ排出される。

豚はアルギニンを加えた10種類が必須アミノ酸で、その一つであるリジンを少なくすると、脂肪酸合成が活性化されることが知られている。わかりやすく言うと、脂肪が蓄積されて霜降りの肉になり、ロースの赤身部分にサシが入るのだ。

小田野は高田の指導のもと、栗飼料を8％混ぜ、つまり配合飼料を8％減らし、結果としてリジンが減った飼料で4頭を育てたのである。リジン欠乏を確かめることは、一つの大きなテーマだった。

リジン欠乏

高田は20代の後半、農林水産省系の研究所にいたときにリジン欠乏の実験を行っていた。

当時はまだ、リジンがどれくらいあればよいのか、はっきりとはわかっていなかった。高田は飼料に含まれるリジンの量を調整することにより、子豚の成長度合いにどういった差が現れるのかを観察しようと思った。

まず、リジンが間違いなく足りない飼料を作った。リジンは、配合飼料のなかで言えば大豆に最も多く含まれている。従って、欠乏させるには大豆を除くのが手っ取り早い。

そうして作ったベースの配合飼料にリジンの結晶を加え、比率を0・6%、0・9%、1・2%、1・5%といったふうに増やした。高田はリジンが十分量ある飼料まで何種類か作り、子豚に与えて摂取量と体重を測った。

すごい結果が出た。体重のグラフは、リジンが足りない子豚から十分量ある子豚まで、右肩上がりの一直線になったのである。

高田はこの実験をもとに論文を書き、29歳のときに「リジンの要求量」を明らかにしている。これにより、日本の栄養学では、子豚を最速のスピードで成長させるために必要なリジンの量が広く知られることになった。

その要求量を下回ると成長度が落ちるのだが、このとき、ある面白い現象が起きる。前述のように筋肉内に筋肉脂肪ができるのである。和牛のサシと同じように豚の赤身にもサシが入る。なお、牛はリジンを自分の胃のなかで微生物が作ってくれるため、リジン欠乏になることはなく、それによる霜降りは起こらない。

サシが入るメカニズムをもう少し説明しよう。

人も豚も、体を作るためにはタンパク合成が必須で、タンパク合成こそが生き物としてのメインの活動とも言える。

タンパク合成にはエネルギーが必要だが、必須アミノ酸であるリジンが欠乏するとタンパク合成量が低下するため、そのぶんのエネルギーが使われずに残る。これが余剰分として皮下脂肪や内臓脂肪に行く。余剰分の一部は筋肉のなかの脂肪細胞に行き、豚で言えば赤身のなかで脂肪を増やす。この働きは、ロースのなかで脂肪酸合成系のいろいろな酵素の数値が高まることで確認できる。

なお、豚は、オス（去勢済み）よりもメスのほうがリジンの要求量が高い。メスはそれだけタンパク質の合成も多く、枝肉になった際に断面を見てみると、ロースの赤身の面積が大きい。去勢されたオスは赤身の部分が小さく背脂肪がたくさん付く（皮下脂肪や内臓脂肪も付く）。なお、去勢されていないオスは、メスよりもリジンの要求量が高くなり、赤身の面積がメスよりも大きいが、性格が荒いため育てにくく、また、肉に雄臭があるため飼育されることは稀だ。

現・麻布大学の勝俣昌也教授は農研機構当時、配合飼料からリジンだけを減らし、リジン欠乏の豚を作り、脂肪含量6％を実現させている。配合飼料100％の豚のロースは脂肪含量が3％ほどだから、2倍にまで跳ね上がらせたことになる。ちなみに、遺伝的に変えた豚は10％ぐらいまで上がる。

筋肉内脂肪含量が6％のロースは、赤身に脂肪がズバズバ入っていて、その食感はマグロのトロのように、ただの赤身に比べてとろけるように柔らかく、味は「抜群にうまかったですね」と高田は言う。

また、リジン欠乏すると脂肪が増え、オレイン酸が増えることが期待できる。動物性脂肪のなかに多く含まれる脂肪酸で、悪玉コレステロールを減らす働きを持つ。オレイン酸は融点が低いので、口のなかに入れた瞬間に体温でさっと溶ける。この口のなかで消える感覚を味わってもらうのも、高田の目標の一つだ。

高田は鶏（ブロイラー）でも実験をしていた。鶏を使うと豚よりも反応がシャープでわかりやすい。

栗を与えて2週間育てた鶏と、4週間育てた鶏を調べたところ、やはりどちらもリジン欠乏があり、4週間与えた鶏はより顕著だった。

そこで、〈もっと長いあいだ栗を与えたらリジン欠乏がさらに進んで脂肪が増えるかもしれない〉と試してみたところ、増えなかった。というよりも、逆に脂肪が減るという思いも寄らない結果になった。一線を超えてしまったようなのである。胸肉をはじめ鶏自体が小さくなってしまった。ただ、脂肪は減っても、明らかに美味しくなった。

これは豚にも起こり得る話であり、脂肪定量のピークが何週間のリジン欠乏で来るのか、また、栗飼料は何%の配合がベストなのか、相関関係・相乗効果のシミュレーションに高田は没頭、第1回目の試験を振り返り、論文を書いた。

サシが美味しいのか?

サシがたっぷり入った神戸牛や松阪牛が高評価されるため、一般的に、肉の美味しさは赤身に入った脂肪に左右されるといったイメージが広まっている。しかし、鶏の場合で言えば、脂肪云々《うんぬん》よりも、アミノ酸であるグルタミン酸(旨み)やグリシン(甘み)、ミネラルであるカリウム（塩み）が美味しさに大きく関わるとされており、ブロイラーに関しては、すでにその論文が出ている。

しかし、豚に関しての論文はまだない。高田は語る。

「豚も、和牛の霜降りを目指すのではなく、鶏と同じ方向、たとえば肉の味が濃いとされる地鶏を研究することで、赤身自体の味向上が実現できるのではないか、そんな気がしています。脂肪とは別のなにかが、栗飼料を食べさせることによって増え、美味しくなるのです」

これも、高田が行った鶏による実験で感触をつかんでいた。栗飼料を15％与えた鶏と、全く与えていない鶏、たった1週間の給餌でも胸肉の脂肪含量は豚の実験時よりも差異が大きく、栗飼料を15％与えた鶏は柔らかでとてもジューシー。しかも、食感が優れているだけではなく、味が濃い。実験を手伝っている学生と二人で口に入れた瞬間、

「あれ？　これ、味が違うよね」

と顔を見合わせた。脂が増えて味が濃くなることはあり得ない。なにか別の要素があるに違いない。また、前述の試験でも、栗飼料を4週間与えたブロイラーは脂肪は減ったが、旨みは増していた。

美味しさを感じさせる可能性として考えられるのは、ミネラルであるカリウム。

茨城県取手市にある食肉処理会社である日本畜産振興は、住宅街に立地していることもあって屠畜のイメージ向上を図る目的もあり、「バナナポーク」なる、果肉だけを乾燥させて粒状に砕いたフィリピン産のバナナを配合飼料に20％混ぜて2カ月間育てた豚を出荷している。バナナといえばカリウムが豊富だ。

また、バナナを与えることによって配合飼料100％の豚よりも旨み成分であるグルタミン酸が3倍に増えたと報告している。バナナがそうであれば、栗にもなにかがある。

高田も小田野も、その解明に着手する準備に入った。

試験2回目　秋

2回目の試験は2022（令和4）年9月5日から12月6日までの92日間、メス10頭で行うことになった。

前回の飼育は、栗飼料が十分に確保できなかったこともあって配合比わずか8％だったにもかかわらず、脂肪定量が２・４％から３・４％へと４割以上も増えた。小田野は目標の脂肪定量６％を目指して、第２回目は配合比を高めることにし、期間も延ばすことを決定、栗飼料の配合割合を１回目の約２倍の15％、給餌を１回目より２週間以上長い60日間に設定した。栗飼料の量を増やすということは、そのぶん配合飼料を減らすことになるため、豚にとって理想的な栄養素は少なくなる。

〈これでリジン欠乏が確実に起こり、脂肪が増えるはず〉

前回の好結果に自信を得て、一気に勝負に出た。季節もいい。

ただ、養豚場からやってきた10頭は前回と同じく生後３カ月で体重40kgほどの子豚だったため、最初の31日間は、慣れ親しんでいる配合飼料だけを食べさせることにした。そこから半分の５頭は、栗が15％混ざった飼料になる。

約３カ月の実験は無事終了した。

12月６日、出荷の日。丸々と太った10頭が豚舎から出て、迎えのトラックの荷台へと続くスロープを上がる。結構な角度があるため怖いのか、立ち止まる者がいる。戻ろうとする勢力が前に進もうとする勢力とぶつかり、狭いスロープは押し合いへし合い、押されて声を上げる豚もいる。10頭すべてを乗せるのに10分以上かかっただろうか。小田野は茨城県取手市の食肉センターまで付いていき、シャワーを浴びるところまで見届けた。

旨すぎる!

数日後、戻ってきたサンプルを分析して驚いた。

「栗を全く与えない5頭の脂肪定量は平均3・1%。それに対して、栗を与えた5頭は平均2・5%と、2割も少なかったんです」

肉の色も前回のようにピンクになっていない。

〈なにがいけなかったのか、どこか間違っていたのか……〉

恐る恐る官能検査に出してみた。前回のようにイベントなどには出さず、学生、職員を中心に学園のなかで配った。栗を提供してくれた栗農家を初めて招待した。

50人以上に食べてもらう料理のほかに、地元有力者に届けるために料理を取り分けていた長谷川量平が厨房から小田野に言う。

「笠間マロンポークのほうが、ものすごく柔らかいぞ。触っただけで全然違うことがわかるくらいだ」

脂肪は減ったのに、笠間マロンポークの肉質は前回よりも良くなっている。

小田野は試食のためにフライパンで焼きはじめた。すると、笠間マロンポークからは甘い香りが立ち上った。ポークソテーでこんな匂いは嗅いだことがない。

「わぁ、本当にいい匂い！」

思わず口に出た。栗の匂いではないが、とにかく、なんとも言えないイイ匂いなのである。

小田野は試食している50人の表情を見て、早くアンケート結果を知りたくなった。

選択肢に「③普通」を加え、前回の4点満点から5点満点にしたアンケートは、第1回目と同じくマロンポークに軍配が上がった。

（⑤満足　④やや満足　③普通　②やや不満　①不満）

	栗飼料		対照区
柔らかさ	4.0	↑	3.9

ジューシーさ	3.9	↑	3.8
脂っこさがない	3.8	↑	3.6
臭みが少ない	4.0	↑	3.8
総合評価／平均	4.0	↑	3.8

それだけではない、試食しながら何人かが声をかけてきたり、直接感想を伝えに来てくれた。

「別にサシが入っているわけではないのに、非常に柔らかいですね！」

「これだったら、もう、絶対に売れますよ！」

大絶賛する声が多かった。

その思いは実食した小田野も同じだった。脂肪定量２・５％とは、一般的な豚の３・０％よりも低い。それでも、焼いても茹でても、マロンポークのほうが適度に脂が乗っていて、とても美味しい。

〈なぜ？　高田先生が言うように、なにかほかの要素が好影響を及ぼしているのかも〉

別に豚には「秋に育てて冬に出荷した個体は旨い」といった〝旬〟はない。

ただ、第2回試験の豚にとって食欲の秋だったのか、思い起こせば本当によく食べた。第1回の試験のときから常井は毎朝新しい飼料をあげに実践学園までクルマで駆けつけ、豚舎に残っている飼料は回収していたが、前回の試験の豚8頭は、前の日に与えた飼料が翌朝に残っていることがあった。ところが、今回の豚はフィーダー（給餌器）が必ず空になっていた。「足りないのかな」と思って増やしても、翌日の朝はまた空っぽ。普通は一日に4kgでも多いくらいなのに、4・5kgを平らげるほど、とにかく食欲旺盛だった。栗飼料を食べる5頭に関して言えば、栗飼料を約0・7kg、配合飼料を3・8kgを平らげた計算になる。目標体重の110kgを超え、120kgがほとんどで、130kgまで増えた個体もあった。食肉センターの評価メモに「大貫《だいかん》」と書かれたくらいだ。

デージー（DG：デイリーゲイン）という言葉がある。一日で体重がどれくらい増えたかを指し、これが日本の標準では肥育後期のメスは0・8kgほどであるところ、10頭は平均で1・1kgを超え、一番増えた子は1・2kgという数字が出た。

ただし、豚は大きく育てば育つほどいいというものではなく、背脂が分厚いというマイナス評価で1kgあたり80円安くなったりする。「大貫」の反対の「ガリ」も痩せているという理由で評価が下がる。

小田野は3回目の試験が楽しみになった。

粉砕機を新調

第3回の給餌試験を始めるにあたり、栗飼料のさらなる生産が喫緊の課題となった。それには粉砕機をバージョンアップしないと追いつかない。

長谷川と相談して大型の2台目を導入することにした。栗が多く投入できる機械を探そうと思った。

新しいメーカーを紹介してくれたのは、鯉淵学園に出入りしている農機具の卸し業者。その界隈で知り合いのいない小田野にとっては救世主だった。

2台目は軽油で動いた。これなら蜂を避けてビニールハウスのなかで稼働させることができる。

だが、時期が悪かった。夏のハウスのなかはサウナのような環境。ディーゼルエンジンを回して粉砕していると、陽炎が立ちのぼり、機械は異常に熱を持った。オーバーヒート一歩手前なのか、異音がしはじめ、終いには唸りだす。フルパワーで酷使するのは無理だった。

1台目と同じように練り物になってしまうこともあった。

廃棄される栗は8月下旬から出はじめる。そのころの栗は水分量が豊富なだけに、ドロドロになる可能性が一番高い。

確かに稼働させる前、メーカーから「栗は冷凍したものを投入するように」と言われていた。冷凍した栗だと、堅いぶん、粉砕しやすい。詰まったりして機械を止める頻度は少なく、調子が良ければ5kgが約1分で粉々にできる。一日に7コンテナ×20kg＝140kgを処理したこともある。

ところが、8〜10月の収穫期には大量の栗が出るため、冷凍したくても冷凍庫

2度目の粉砕は粉塵にまみれてモケモケになる。1時間が限度のハードな仕事

が足りず、結果として収穫したての生栗を投入して練り物を生むことに繋がった。

粉砕機の投入口には巻き込み防止のストッパーが付いていて、急いで作業をしていると、どうしてもそこに栗を詰まらせてしまう。スタックした栗は棒で軽く押せば流れていくが、安全性と生産スピードの両方に集中して暑いハウスのなかで延々と作業を続けるのは、ことのほか難しかった。

栗の粉砕に限らず、一筋縄でいくことは、一つもなかった。

試験3回目　春

給餌試験3回目はメス9頭によって少しやり方を変えてみた。

飼育は2023（令和5）年3月8日から6月23日までの107日間。最初の62日間は養豚場にいたときと同じ100%配合飼料で育て、残りの45日間で9頭のうち5頭に栗飼料を与え、残る4頭は引き続き配合飼料だけの対照区とした。

小田野は高田と打ち合わせ、栗飼料を与えるうちの1頭だけは、思い切って配合飼料0

%、栗飼料100%にしてみた。また、残りの4頭も栗飼料の配合を80%に高めた。確実にリジン欠乏が生じる数値である。

しかし……。

豚は栗に対して嗜好性が高いので、たくさんあげても食べてくれると思っていたが、実際にやってみたらそうでもなかった。あまり食べず、全く大きくならない。たまに存在する太りにくい系統の豚である可能性は排除できないが、いずれにせよ、栗飼料を食べてくれないなら続けても意味はない。小田野は最初の2週間で高配合の試験はやめ、5頭ともに栗飼料50%まで減らした。すると、栗飼料と配合飼料が半分半分なら一日あたり計4kg食べてくれた。

一方、対照区として全く栗飼料を与えないで育てた4頭は、季節も良かったのだろう、スクスクと育ち、当初の予定より15日も早い6月8日に出荷の日を迎えた。92日間の飼育だった。

小田野はここでお別れすることにした。

過去2回、食肉センターまで付いていったとき、屠畜の現場では冷静でいられたが、帰ってきてから無意識のうちに感傷的になっていた。特に最初の試験の8頭は、一頭一頭の性格まで把握していたこともあって、後日サンプルとして戻ってきた肉の官能検査を行う際に、試食のために作った料理の隣りに子豚たちの往時の写真を添えた。

「子豚が学園にいたころの顔写真に加えて、枝肉になったところを撮影したものを置いたら、皆さん衝撃的だったみたいで……」

来場者にドン引きされるのはわかっていたが、そうせざるを得ない理由が小田野にはあった。

鯉淵学園の学校案内のパンフレットをめくると、最初の見開きにキャッチコピーが掲載されている。5年ほど前に学生たちから募ったものだ。採用された人は5000円もらえるとあって、公募はちょっとした盛り上がりを見せた。

『ゼロから始める農と食』

この10文字を書いたのは社会人入学した小田野。賞金を副学園長だった長谷川から現金で受け取った。当時を振り返って言う。

「鯉淵学園で勉強しているうちに思ったのは、農はなにもないところで土作りから始め、種を植えて植物を育て、収穫して食卓に運ぶ仕組みだということです。この一連の流れをゼロから作ろうという意味が一つ。

もう一つは、私と同じように全く農をやったことのない社会人でも、気持ちを切り替えて新たにスタートできるよという、そういう意味を込めて制作しました」

このときの思いが小田野のなかに存在しつづけた。

「栗もない、豚もいない。全くゼロから作り上げた作品が笠間マロンポーク。だからこそ、スタートのときと、ゴールのときと、2つをハッキリと見てもらおうと思いました」

意外な結果が……

6月23日、笠間マロンポーク5頭の出荷の朝、小田野は今回は食肉センターには行かず、後日サンプルとして戻ってくる肉を、官能検査のため80人に食べてもらうことに専念した(先に戻ってきた通常豚の肉は冷凍保存していた)。比較しやすいように、これまでと同じく精肉店に頼んですべて同じ厚さに揃えてもらっていた。

今回の試食会は栗農家に加えて米農家、市会議員やイベント運営者、学園に縁のある人などに声をかけ、外部からのゲストは20人ほど増えた。試食希望者は事前に伝えた午前11

時から午後1時までの開催時間のあいだに三々五々やってきて、学生、職員らとともに、焼き、茹で、熱々のもの、冷ましたもの、各種の豚肉を爪楊枝で口に運んでは用紙に記入した。生姜焼きを作るホットプレートの前で常井は汗をかくほどだった。

以下がアンケート結果である。

	栗飼料		対照区
柔らかさ	3.9	↑	3.5
ジューシーさ	3.6	↑	3.4
脂っこさがない	3.5	↑	3.5
臭みが少ない	4.0	↑	3.9
総合評価／平均	3.8	↑	3.6

対照区の評価が前回より落ち、笠間マロンポークの評価も下がった。臭みは2回目の試験のときと同じくほとんど気にならないようだが、食感や食味は評判が良くない。小田野も実際に食べて赤身が硬くパサつきがあるのを感じていた。しっとり

模擬店で1個600円で販売したところ大ヒットして完売。学園内で収穫した野菜をたっぷり使った250円のけんちん汁には負けたが、学園祭で2番目に多く売れた

2023(令和5)年11月の学園祭では、3回目の試験の笠間マロンポークのウデ肉を業者に頼んでソーセージにしてもらい、学生たちは小田野の指示のもとホットドックを100個以上も作った

感が劣った。その原因を高田に聞くと、

「栗飼料を増やしたことにより、配合飼料から取得するはずだったカルシウムやビタミンが減ってしまったからではないか」

という答えが返ってきた。脂肪定量も、栗飼料を与えても与えなくても同数値という、意外な結果が出た。

リジン欠乏が起きて脂肪定量が大幅にアップした第1回、リジン欠乏が起きなかったが素晴らしい出来になった第2回に比べ、リジン欠乏も出来も劣った第3回ではあったが、それでも招待客のなかにいた髙島屋のバイヤーが名刺を差し出してきた。

思いも寄らないことだった。試験的には成功とは言えない。それでも、プロのバイヤーは「十分に競争力がある」と判断したから接触してきたのだろう。食卓に上る豚肉として、箸にも棒にもかからない味なら、なにも言わずに帰ったはず。

この出来事で笠間マロンポークプロジェクトは勢いづくと同時に、一つのゴールも見えてきた。髙島屋の旗艦店と言える東京・日本橋店本館での販売である。

髙島屋の思い

実は髙島屋との関係は、以前からあった。

茨城県の旗振りで、県内生産の農産物を東京・新宿の髙島屋で販売する企画が2022(令和4)年に立ち上がった。鯉淵学園にも「学生とともに参加してくれないか」と主催者から要請が届いた。

長谷川は笠間マロンポークで打って出ようと考えた。畜産科の学生も栗飼料の配合を勉強したり体重測定を手伝っており、参加に乗り気。

実際に出店してみると、笠間マロンポークの評判は上々。髙島屋のバイヤーから声がかかった。

髙島屋の精肉コーナーでは、頂点に純粋金華豚、次位にトウキョウXが君臨している。このあたりが松竹梅で言えば「松」。その次の座に沖縄のアグー豚、鹿児島の黒豚、梅山豚《メイシャントン》ら高級な品種が座っている。品種が三元豚である笠間マロンポークは、「梅」でしかない。ただ、「いまは」という注釈がつく。まだ一般消費者のジャッジが下っていないからだ。人気の三元豚として「梅」のトップの座をつかみ、そこから品種の壁を突破して「竹」に食い込めるか。なお、「松」の最高位に就く純粋金華豚は、ロースの部分で100g1300円超と、ちょっとした和牛よりも高い。

笠間マロンポークが地位を確立するための必要条件は、食卓で市民権を得ること。それには「笠間マロンポークじゃなきゃダメ」という料理が必要になってくる。消費者のあいだで笠間マロンポークを使った新しい料理が発案されたり、鯉淵学園が頭を捻って考案しなければならない。その火付け役としての重責が小田野をはじめとする学園の栄養士に求められている。また、プロの料理人たちの口コミも欲しい。すでに、東京・渋谷の豚肉料理専門レストランでは「焼いているときの香りが良くて、匂いを嗅ぐだけで美味しそうだから、豚肉は全部笠間マロンポークに替えてもいい」という声が上がっている。シェフたちの「料理を作る際の喜び」に、笠間マロンポークの匂いが貢献しているのだ。

なにせ、日本には400を超えるブランド豚がいる。そのなかで差別化を図るには味の面だけではなく、食通をも唸らせる新作のメニュー、料理人たちにとって楽しい要素は必須。そこに「農業専門学校だから作れた」という希少性が加われば、「竹」に指先は届くはず。

髙島屋からは豚しゃぶのセット販売の打診があった。笠間マロンポークをポン酢、ゴマだれではなく、栗のたれ（あるいはドレッシング）で食べてもらおうというのである。「口中調味」と言われる日本人の食べ方、噛み方まで考え、笠間マロンポーク御前など〝ならではの料理〟がレシピとともに完成をみたときに、プロジェクトの第一フェーズは幕を閉じる。

給餌試験4回目　冬

4回目はメス8頭によって、また試験方法を変えてみた。

3回目のときの赤身の不出来の原因は、栗飼料を増やしたことにより相対的に配合飼料が減り、そこに含まれるビタミンとミネラルが基準値を下回ったためと理解した。そこで、ビタミンとミネラルを添加した4頭と、無添加の4頭に分けて確かめることにした。

一日の飼料の量は8頭とも栗飼料50％で計3・5kg。栗飼料の配合比50％は前回と同じだが、一日あたりの飼料の総量を平均4・0kgから3・5kgに減らしたのは、今回も確実にリジン欠乏をさせようと考えたからだ。

給餌期間も前回とほぼ変わらない34日間。2023（令和5）年10月26日に生後100日、体重40kgで仕入れ、飼育は2024（令和6）年2月7日までの104日間。最初の70日間は100％配合飼料という設定は第3回までとほぼ同じ。

結果、カルシウムやビタミンの粉を入れた飼料を食べた4頭の肉は、試食した人々の舌ではなく小田野の舌によれば、パサつきが解消していた。

というのは、官能検査の手法を変えたことによって混乱を来たし、アンケートがぐちゃぐちゃになってしまったから。

「第4回は8頭すべてが栗飼料を食べているので、栗飼料を食べていない豚と比較できないじゃないですか。そこで、街の肉屋さんに行って普通の豚肉を買ってきて、計3種類の食べ比べをしてもらったのです。そしたら、皆さん、笠間マロンポークを当てるゲームみたいになっちゃって。笠間マロンポークが2種類あるのだから、そこだけの比較でもよかったのに……失敗しました」

それに加え、赤身の味を食べ比べてもらいたい一心で、小田野はロースから脂肪を全部そぎ落とし、しゃぶしゃぶにしたあと冷まして提供した。官能検査としては正しいかもしれないが、全く美味しくなかった。

小田野は試食してくれた方々に申し訳なく思い、アンケート用紙に記入し終えた人たちに、脂肪を取り払っていない肉でしゃぶしゃぶを作って振る舞った。この日は学園内でスマート農業の講習会が行われたこともあり、過去最高の来場者90名は、ちょっとした〝しゃぶしゃぶパーティ〟をしばし楽しんだ。

豚の死亡

この4回目の試験の前に、悲しい出来事があった。

給餌試験も2年目に入り、通算3回目の飼育が2023（令和5）年6月に終了した。

小田野は、将来的には一年を通して生産するのだからと、1年目には避けた夏の飼育、豚が弱りやすい猛暑・酷暑の7～8月に飼育してみた。

食べが悪くなるのはわかっていた。飼料が傷みやすいことも知っていた。それでもやってみて、通年飼育のノウハウを貯めたい。

養豚場から仕入れたメス10頭のなかに、体型が細くて弱々しい見た目の子豚（ヒネ豚と言う）が3頭いた。だが、豚舎に入れると元気に動き回るし、飼料もちゃんと食べるから、〈成長が遅いだけかもしれないな〉とそれほど心配はしていなかった。

ところがある日、豚舎に行くと、その3頭のうちの1頭がいつも寝る場所で横になったまま動かない。柵の外から「お～い」と声をかけても反応しない。急いで豚房のなかに入って触れてみた。すると、ふらふらっと立ち上がったので、直接飼料を食べさせてみたが、食べない。ずいぶん痩せた気もした。

〈このままじゃ……持つかな……〉

翌朝、豚舎に行くと9頭しかいなかった。ふと後ろを振り返ると、ブルーシートに覆われた彼女がいた。実践学園の職員が掛けてくれたのだろうか、その端から覗いた姿は青白くなっていた。屠畜場でも泣かなかったのに、さすがに涙がにじんだ。

この日を境に、ヒネ豚2頭が立て続けに動きを止め、そのほかに1頭が倒れた。皆、みるみる痩せていき、最後はほとんど飼料を食べなくなって逝った。

あまりにもの急変に、〈夏負けが原因ではないのでは？〉と思った。

「豚コレラなどの感染症が起きていることを恐れたのです。でも、そうじゃないことがわかり、それは大変いいことなんですけど……」

その夏、10頭のうち4頭が死に、6頭になってしまった。栗飼料を与えた3頭と、与えない3頭の比較は、試験としては成り立たない。サンプル数4頭以上での比較が当初に決めた基準だ。6頭は養豚場に戻された。

第5章
最終試験と発売

加藤の蹉跌

加藤達人は、日本農業実践学園内に鯉淵学園農業栄養専門学校用の豚舎を準備して子豚を受け入れて以降、小田野たちの試験をちょっと離れて見つづけていた。豚には詳しいが、現場にはほとんど顔を出さなかった。

それが5回目の試験からは、長靴を履いて豚舎に入った。笠間マロンポークプロジェクトの成功を確信するとともに、自身の苦い経験が蘇ってきたからだ。

加藤はいまから24年前の２０００（平成12）年、あるプロジェクトを敢行した。

当時、米国ＩＢＭの東京オフィスでは、ビルで働く従業員４０００名が社員食堂などを利用した際に出す食べ残しや調理クズが、毎日２５０kgも発生していた。これを地下に設置した施設で水分調整用のふすまと混ぜ、微生物により48時間発酵処理し、土みたいにサラサラの粉末に変えていた。その量は毎日１００kg以上。

これを有機コンポストとして豚に与え、〝リサイクル飼料〟にしてはどうかと、装置を管理する会社が実践学園に前年末に持参した。嗅いでみると香ばしい匂いしかしない。

加藤は市販の配合飼料に混ぜ、実践学園で飼っている豚に与える試験をしてみた。

リサイクル飼料の比率は0％（＝配合飼料だけ）、40％、70％という3つの区。25頭の子豚を育てた。

結果は、すべての豚が病気にかかることなく順調に成長し、特にリサイクル飼料を70％混ぜた区の豚は、試食してみると「味が濃い。コクがある感じ」と好感触を得た。リサイクル飼料は粗たんぱく質や粗脂肪が多く、配合飼料よりも栄養価が高いことが好影響を及ぼしたと思われた。

夢が広がった。

リサイクル飼料はＩＢＭだけで毎日１００kgとたっぷり出る。これを一日に2kg与える。配合飼料1kgと合わせて計3kgあれば十分量になるから、最低でも50頭が飼える。実践学園には10倍の５００頭が飼えるスペースがある。

ちょうどそのころ、国会でリサイクル法（食品循環資源再利用促進法）が成立し、２００１（平成13）年4月から施行されることになった。一定規模の社員食堂から出る食物残《ざん》渣《さ》は20％以上減らし、リサイクルすることが義務づけられる。これによりＩＢＭのような大企業からの回収が増えることは確実。たとえ500頭飼ったとしても飼料の心配はない。

一年間に2回転で1000頭を出荷できた場合の試算をすると、1kgで100円する市販の配合飼料が毎日500kg節約でき、1カ月で150万円、1年で1800万円の費用が浮くという計算になった。

実践学園は利益を確保できる。企業側は廃棄するしかなかった大量の残飯、生ゴミを資源化することでリサイクル問題が解決できる。なにより、安全で栄養いっぱいのリサイクル飼料を食べた美味しい豚肉が消費者に届けられることがうれしい。

加藤のプロジェクトはマスコミからも注目され、業界紙や地方紙から取材を受け、テレビでも取り上げられた。

「生ゴミを粉末飼料に！」

「環境にやさしい養豚経営」

「いけるぞ！　リサイクル養豚」

有名タレント（稲川淳二）が学園にやってきてリサイクル飼料を〝味見〟までした。

しかし、事はそう簡単には運ばない。このリサイクル飼料が逆に足枷《あしかせ》となったのである。

栄養豊富な飼料をたっぷりと食べた豚は脂肪が柔らかく、食肉センターでの格付けは「並」

となり、取引価格はガクンと下がってしまった。

「たとえ旨い肉でも背脂肪が柔らかいというだけで、市場でセリにかけた場合に安くなってしまいます。格付けではなく、味を求めて適正な価格で買ってくれる業者と出会い、独自の販路を構築できればよかったのですが、そのころ私が理事長になったことで手が回らなくなり、時間が全く作れないまま道半ばで終わってしまいました」

企業のためになり、環境にも貢献でき、味も良いのに頓挫した当時を思い出して加藤は唇を噛んだ。リベンジである。

豚が教えてくれたこと

加藤が実践学園に勤めはじめたのは25歳のときだ。父親から「2年くらい手伝ってくれないか?」と言われ、腰掛けのつもりで来た。東北大学で土壌を研究していたので、農業と無縁でないことも後押しした。

どんな作物を担当するのかと思っていたら、

「お前は豚をやれ」

豚はこれまで触ったこともなかったため、学園の卒業生が茨城・筑波でやっている養豚所に研修に行かされた。

ひと通りの勉強を終えて戻ってくると、用意されていたのは繁殖の仕事。

メス豚は妊娠して〝3月3週3日（114日前後）〟で体重1～1・5kgの子豚を10～15頭産み、1カ月弱のあいだ授乳する。加藤は、生まれたばかりの赤ちゃん豚を本箱に入れて暖かくして飼い、2時間おきにおっぱいを飲ませるために母豚のところへ連れていった。お腹の下に入ってしまって押しつぶされないよう、お乳を飲むあいだずっと見守った。離乳までの3週間以上は毎日、夜も寝ないで付きっきり。人間の赤ちゃんを育てるのとなんら変わりない。

6kgくらいまで成長して飼料を食べるようになった子豚たちは、加藤の顔を覚えたのだろう、懐《なつ》きはじめ、豚舎に行くと足元をかじったりしてくる。3カ月もすると30kgまで大きくなるが、加藤との関係性は変わらない。相変わらずじゃれる。

それが110kgになる6カ月目のある日、突然終わる。自分が運転するトラックに積んで行く。それを何度も繰り返しているうちに思った。

「やはり、考えたのは命のことです。それまでは、食べるものなんて普通にあるものだと思っていた。豚肉もあって当たり前だと思っていた。だけど、背中に子豚たちを感じながらハンドルを握っているとき、この命をいただかなければ我々は生きていけない、ふとそう悟ったのです。その瞬間のことは強烈に覚えています」

豚の命は、トウモロコシや米、野菜などの植物が繋ぐ。その植物にだって命はあり、その命をいただかなければ豚は生きていけず、人も生きられない。

「その命の源は農業。世界中の人々は農業によってもたらされる食材で生きている。農業ほど大事な仕事はないんじゃないですか？

余談ですが、土壌や肥料など条件を整えた大きな樽のなかに米粒を1粒だけ置いたところ、それが育って分けつを繰り返し、230本まで増えたことがあります。その一本いっぽんの稲から穫れたお米は2万1000粒。茶碗1杯のご飯粒は3000ですから、7杯分に当たります。たった1粒の米がご飯7杯に変わる。この可能性、成長力、それがすなわち生命力であり、命そのものなんです。私はそれを豚から教わりました」

2年のつもりだった加藤の学園生活は、いま48年目に入っている。

加藤は経営面からも笠間マロンポークに注力しようと思っている。

かつて実践学園は農林水産省から人件費、事業費、施設整備費として年間約1億円の補助金を得て運営していたが、鯉淵学園と同じく、2011（平成23）年に全額カットとなった。予算2億円の学校の半分がなくなった。

そして、同年3月11日に東日本大震災が起きると、さらに4つの「苦」が重なり、五重苦にさいなまれた。①崩れ落ちた農場の施設、建物、教室の修理に多額の費用がかかり、②原発事故により放射能の測定がすべての農作物に義務づけられて出荷できないものも出はじめ、③入学辞退者が続出、④「いつでもご利用ください」と言っていた銀行が「危なくて貸せません」」と手のひらを返してきたのである。

そこで、教育事業を維持すべく、農業の生産事業の拡大を図り、

- ポテトチップス用のジャガイモ、トマトケチャップ用のトマトといった野菜の契約栽培
- サツマイモを作付けして干し芋の生産
- 牛肉用の子牛（黒毛和牛）を育てる繁殖事業

などを次々と成功に導いた。

加藤は笠間マロンポークプロジェクトも成功に導きたいと、これまでに増して気合いを入れている。

豚肉の格付け

当時、加藤の豚を「並」とした格付けとは、一体どんなものか。

牛肉にA5、A4、B5といったランクがあるのと同じように、豚肉にも次のように5つのランクがある。数字はランクごとのおおよその割合だ。

①極上　0.1～0.2％
②上　49％
③中　33％
④並　13％
⑤等外　5％

極上の豚は1カ月に評価される100万頭のうち1500頭前後と極めて珍しい。牛の場合、最高ランクのA5が55％と過半数を占めるので有り難みは全然違う。

豚のこのランクは次の4つの項目で決まる。

「重量」

「背脂肪の厚さ」

「外観（4項目）」

「肉質（4項目）」

気をつけたいのは「味」は関係ないこと。

牛の格付けも味はほとんど関係がない。A5ランクのAやBというアルファベットが示すのは「歩留まり等級」であり、一頭の牛から商品となる肉がどれくらい取れるかという生産性の評価でしかない。言うなれば肉ではなく牛のことであり、これがCランクまで3段階ある。

数字のほうは「肉質等級」で、

「色沢（肉全体を見る）」

「締まりときめ（ロースの断面を見る）」

「脂肪の色沢と質」

「脂肪交雑」

この4つをそれぞれ評価して、一番悪い数値を示す。たとえば霜降りの度合いを見る「脂肪交雑」が完璧で5でも、肉全体の「色沢」がそこそこで3なら、「3」がその牛のランクだ。これが5から1まで5段階あり、アルファベットの3段階と合わせて15通りの格付けになる。

豚も同様に前述の「重量」「背脂肪の厚さ」「外観」「肉質」の4項目のなかで一番低い評価がその豚の格付けになる。

加藤が涙を飲んだリサイクル飼料で育った豚と同様、笠間マロンポークにとっての難関は「肉質」の4項目のなかにある「脂肪の色沢と質」というチェック項目になる。「締まりと粘り」を調べるのだが、笠間マロンポークの霜降りは、健康に良いとされるリノール酸やオレイン酸といった不飽和脂肪酸で、サシの入った肉は触ってすぐにわかるくらい柔らかい。これが「締まりと粘り」が弱いと判断されるかもしれない。この不飽和脂肪酸こそがとろけるような食感や旨さを感じさせる要因なのに、肉の美味しさは牛の場合と同じく評価対象ではない。

実際に、過去4回の試験で出荷された笠間マロンポークたちの格付けは、食肉センターから送られてきたFAXによれば、ほとんどが「並」。「等外」も何頭かいた。「アツ」と書かれていた豚は、背脂肪が厚すぎたのだろう。肝心の肉質の評価まで進むことなく、この時点で等外に落ちてしまっていた。

おかしな話だが、現在、筋肉内脂肪交雑（サシ、霜降り）の評価は枝肉取引規格にはなく、オプションとして存在している。日本食肉格付協会の格付員が枝肉格付料とは別料金で判定してくれる。

肉の価格は枝肉の格付けで決まるので、笠間マロンポークはどんなに美味しくても、食肉センターで下される評価は低く、取引価格は安い。髙島屋のようなわかってくれるバイヤーと直取引しているのはそのためだ。

試験5回目　春

加藤の熱い視線のなか、小田野は5回目の試験で2つの点を変えた。

ここまでの1～4回目の試験は基本的に、生後90～100日で40kgの子豚を採用、通常の配合飼料で1～2カ月間ほど、90kg前後まで育てたあと、仕上げの1～2カ月間、栗飼料を混ぜた配合飼料を与えて110kg超にしてから出荷してきた。5回目は生後160日、養豚場で90kgまで育った肥育豚を採用し、最後の1カ月間だけ栗飼料を与える。

40kgと90kgとでは、豚の価格が違う。養豚場が手間暇と経費をかけているぶん、90kgのほうが高い。

では、40kgの子豚を安く譲ってもらったほうがお得なのか？　それは、そのあとの2カ月間の手間暇と、配合飼料代、栗を粉砕・乾燥させるための電気代などなど、経費を細かく計算して損益分岐点を探らなければならない。今回はそういうシミュレーションをする意味もある。

もう一つはオス（去勢済み）を初めて飼うこと。というより、当然メスが10頭来るものと思っていたら、オスが混ざっていた。養豚場から来たトラックに積まれた豚を豚舎へ移動させるときに加藤が尻を見て指摘した。

ともかく、飼育は2024（令和6）年3月7日スタートでオス6頭、メス4頭の計10頭。

オスは4月1日までの25日間、メスは4月8日までの32日間。飼育期間が違うのは、去勢オスは太り方がメスよりも速いから。個体差はあるが、平均すると去勢オスはメスより速く大きくなる。なお、去勢オスもメスも分けてもらうときの価格は変わらない。

栗飼料の配合割合は30％で給餌は3月7日、到着したその日からだ。

飼料代が高い！

ここで家畜飼料について考えたい。

豚を飼育する際に最もかかる経費は飼料代で、全体の65％ほどを占める。配合飼料の価格に敏感にならざるを得ないのは、これが大きな要因だ。

それもあって、トウモロコシではなく米を中心とした配合飼料を使って育てる生産者が増えつつある。飼料用の米は人が食べる米と違って安く、また、輸入に頼っているトウモロコシと価格がほぼ同じなうえ、ウクライナ戦争をはじめとする世界情勢に左右されずに国内で安定して調達できる利点がある。

配合飼料の価格はロシアがウクライナに侵攻する前の２０２０（令和２）年は１kgで65円だった。現在は１kgで１００円。２０２０年に１ドル１１０円以下だった為替相場が現在は１５０円前後という円安の影響も大きいが、いずれにせよ小麦不足と連動しているト

栗飼料を詰めた米袋はハウスに備蓄

1袋で20kgを超える重さの飼料袋は、小田野の力では動かせないので運搬車を導入。200kg積める

ウモロコシの高騰とともに、配合飼料も瞬時に50%以上高くなった。

コストダウンを図る鯉淵学園も、高田のもと、飼料米を導入して飼料代の節約を模索中。これに、いまのところ無料で手に入る栗を20〜30%混ぜれば、価格面での競争力はさらに高まる。

高田は大学時代最後のテーマとして飼料米を取り上げ、研究して英語で論文を書いている。

「豚も鶏も、米を与えるとどうなるかは、ほぼわかってきています」

結論から言えば、トウモロコシをすべて米（飼料用米＝玄米）に替えると豚の成長は良くなり、タンパクの蓄積量も増える。人が食べるコシヒカリなどの高級な米に比べて、飼料用に栽培する『もちだわら』などの品種はタンパク質の量が多いためだ。まずい米のほうが栄養価が高いのである。

それであれば、田んぼが余っているといわれる国内で飼料用米を作れば、外国に頼る必要はなくなり、休耕田も活用できて一石二鳥。

それでも作付面積は10倍、20倍と一気には増えていない。やはり日本での米作りにはお金がかかり、国内で栽培した飼料用米を使った飼料と、輸入したトウモロコシを使った飼料では、為替が元に戻れば（円高になれば）、後者のほうが安く、飼料用米は駆逐されるからだろう。そのため政府は、トウモロコシに負けないよう農家に補助金を出し、その代わり安い価格で出荷してもらっている。

財務省としては飼料用米が増えれば増えるほど出す補助金が増える。かといって経済安全保障の観点から飼料用米を減らすこともできず、農林水産省とともに頭を悩ませているというのが現状だ。

それでも、作付面積はここ10年で2倍にはなっており、生産量も倍増している。飼料用米を仕入れる飼料工場の規模拡大や生産性の向上など、ハード面が整えばさらなる伸びが期待できるという見方もある。また、トウモロコシの価格上昇はまだ天井が見えない。この先トウモロコシの値段が高まりつづけていけば（円安も加速すれば）、補助金を出さなくても競争できるかもしれない。高田は言う。

「トウモロコシがすべて米に替わるとは思えませんが、いざとなれば、そうできるのが日本です。未来は全く暗くありませんよ」

未利用資源の活用

高田は米とともに、芋にも可能性を見いだしている。

当たり前だが、廃棄せざるを得ないような未利用資源は、豚にとっても美味しい飼料にはなり得ない。そんなものを配合飼料に20%も30%も混ぜたら、見向きもされなくなって当然だ。

豚にとって栗飼料はそうではなかった。パクパク食べる。むしろ配合飼料100%のときよりも食いつきがいい。20~30%の配合だと、全体の味が良くなるとしか思えない。甘く感じるのだろう。さすがに50%まで高めると食傷気味になるようだが、それでも、それしか食べるものがないとなればちゃんと食べる。

「まだ鯉淵学園としてではなく、個人的なレベルですが、未利用資源を活用して社会的に貢献するという観点で、次はサツマイモかなと思っています。トウモロコシの代わりに栗をやり、米もやり、ほぼ成功と言ってよい結果を得てきましたので、サツマイモもいけると思っています」

バナナポークに与える間引きしたバナナも、廃棄される栗と同じく未利用資源ではあるが、人にとっても美味しい食べ物。ＳＤＧｓの観点からも、そういった廃棄物を活用する取り組みはますます求められるだろう。

実践学園の加藤はいま、〝ベジタブルポーク〟と名づけた豚を30頭育てている。配合飼料は一切与えず、廃棄される米、麦、野菜、そしてあんこに使った小豆《あずき》かすだけを食べさせている。食物残渣１００％のビーガン豚である。

当然、食肉センターに持って行けば「等外」と言われるため、学園内で食事に出したり、敷地内にある直売所で売っている。大好評だという。

デパートで発売へ

給餌試験5回目が始まった3月7日、10頭が到着した午前11時はみぞれ混じりの寒さ。停めたクルマから降りた小田野は傘を差さずにキビキビ動く。前日に降った雪も残っている。豚は寒さに強いといわれる。ただ、それもある程度の大きさになって毛や皮下脂肪で覆われてからのこと。体力も免疫力もいまだ付き切っていない子豚のときは、屋外だと暖房設備がないと病気になる可能性が高い。

今回の10頭は90kgまで成長しているからか元気いっぱい、新居に着くや否や歩き回り、穴掘りを始めたり、じゃれ合う者たちが現れ、一部は喧嘩みたいになり、様子を見に来ていた加藤に叱られた。半数ほどは早くもフィーダーに鼻を突っ込んで常井が与えた栗飼料を食べはじめた。食べないのは、まだ環境に慣れていない豚たちだ。

今回育てる豚は、髙島屋に納品することが決まっている。前月の2月下旬、

「髙島屋で取り扱わせてもらえませんか？」

という話が来た。4月上旬から販売したいという。

小田野は、まだ完全なマロンポークが出来上がっていない段階で、笠間という冠を戴いて日本一とも言えるデパートに出すことに躊躇《ちゅうちょ》した。もっと試験を重ねてからにしたい。それに、4月10日から売り出されるとしたら、4月1日には出荷する必要がある。すると、栗

の給餌は1カ月しかない。

乗り気ではなかったが、いちおう逆算し、養豚場で90kgまで育った豚を導入することにした。これなら栗飼料を与えながら、どうにかして1カ月で20kg増やせばいい。

〈それにしても……〉

小田野は綱渡りを嫌った。

他方、長谷川は推進派だった。髙島屋のバイヤーは3回目の試験の肉を食べてちゃんと高評価してくれているのだから、そのときと同等の肉を提供すればいい。前向きに見えない小田野に対し、

「それができないのか？」

と詰めた。

「できないならやめてしまえ」

そう突き放した。

長谷川には策があった。

笠間マロンポークはあくまでも「実験段階であること」を全面に打ち出すことを考えていた。評判が良くなかった場合を想定してのリスクヘッジである。

軽トラでやってきた肥育豚(30～40kgまでを子豚と言い、それ以降は肥育豚と呼ぶのが一般的)。後ろ向きになっているのは、荷台から降りるのを怖がっているため

リーダー的な豚がスロープを降りはじめると、みんな後に続く

広い豚舎で早速穴掘り

もちろん、長谷川にはその必要はないと思えるほどの自信があった。無茶振りを何度も乗り越えてきた小田野、支える常井、ドンと構える高田、プロの加藤を信頼していた。

4月1日、小田野は10頭のうち6頭を出荷した。一番太ったのは113kg。重い順に選んだ。すべてがオスだった。

常井が言う。

「最後の10日間は栗飼料の比率を20％に下げ、栄養満点の配合飼料を多くして一気に太らせました。というのは、今回の10頭は総じて食が細く、一日に3kgほどしか食べなかったからです。これは養豚場で160日のあいだ密飼いだったことが影響していると思います。その少食の豚の飼料に栗を30％混ぜると、栗が約1kgで配合飼料が2kgですから、体重が増えない恐れがありました」

常井のファインプレーに助けられた小田野は、出荷の朝、久しぶりに食肉センターに付いていった。

6頭のうち4頭を髙島屋が買ってくれた。残りの2頭はセリでだれかに買われていった。その価格差は約2倍。格付けに動じない髙島屋はちゃんと評価してくれたのに、相変わらず「並」と格付けされてしまった2頭は、同じ飼料を食べて育った笠間マロンポークなのに半値だった。

4月8日は残るメス4頭を出荷。小田野は再び食肉センターまで付き添った。

お披露目

4月17日、天下の東京・日本橋髙島屋。5回目の試験を4月8日に終えた笠間マロンポークが売られる日がやってきた。

4月10日から先行発売した千葉・柏店では、笠間マロンポーク4頭分すべての肉がほぼ完売の1週間となった。髙島屋によれば、初日に購入した客が「美味しかったから」とリピート買いに来た姿も見られたという。

その勢いに自信を深めた日本橋髙島屋本館地下1階の精肉店『肉の匠いとう』は、大きな冷蔵ショーケース1台を丸ごと笠間マロンポークで埋め尽くしてみせた。笠間マロンポーク2頭分である（在庫も含む）。

冷蔵庫内の肉のレイアウトは、1段目左から笠間マロンポークを使った『肉の匠いとう』

オリジナルハンバーグ（一つ130g250円）。朝から作った自信作だと担当者は胸を張る。

以下、部位と100gあたりの税込価格（158〜159頁も参照）。

1段目

切り落とし	297円
モモ焼肉用	350円
ぶたとろ（ネック肉）焼肉用	458円
バラうす切り	398円
モモうす切り	350円
肩ロース薄切り	438円
ロース薄切り	480円

2段目

モモしゃぶしゃぶ用	368円
バラしゃぶしゃぶ用	428円
肩ロースしゃぶしゃぶ用	458円
ロースしゃぶしゃぶ用	498円
ロースとんかつソテー用	480円
ヒレブロック	540円

日本橋店は、午前10時30分の開店と同時にお客さんが品定めを始め、店員が笠間マロン

ポークの説明をすると、躊躇せずに買い物カゴに入れる様子が、ものの30分で4〜5組も見ることができた。評判どおり、そして予想どおりの出足だ。

この5回目の肉はすべてを納品したため、これまでのように食肉センターからサンプルとして受け取っていなかった。小田野は髙島屋で販売されている笠間マロンポークを買いに行って専門の検査機関に送り、脂肪融点と、柔らかさの指標となる剪断力価《せんだんりょくか》のデータを取得した。ともにテクスチャー（質感、食感）を知るうえで重要な数値であり、ほかのブランド豚と比べるためには欠かせない。

「そのほか、一般社団法人食肉科学技術研究所からの報告で、非必須アミノ酸であり肝臓の働きを助ける効果のあるアラニンが、一般的な豚と比較して25％も多い28・7㎎（100gあたり）含まれていることがわかりました。また、疲労回復効果があるアルギニンも通常よりも20％ほど多い8・9㎎（同）含まれていました」

と長谷川は胸を張った。

未来

第6回以降の試験は、学園として笠間マロンポークの研究開発はもちろんだが、年間300〜500頭を生産、出荷していくための実践の場ともなっていく。そのため、新たに4区画を整備し、1区画に25頭の豚を入れ、最低でも計100頭を年間3回転させる計画を立てている。

栗飼料を与える期間は1カ月で十分という手応えを得ているが、その前に2カ月か3カ月は生まれ育った養豚場で食べていた配合飼料だけを与えたほうがよいという結論になりつつある。また、新しい豚舎に慣れ親しむ期間もそれくらいは必要と判断している。それほど豚は繊細な生き物であり、精神面が肉体面すなわち肉質に大きな影響を及ぼす。

「90kgぐらいまで大きくなった豚を仕入れてすぐに栗飼料を与えて1カ月で出荷すれば、1年で12回転しますが、そんな簡単なものではないですね」

生まれて初めて豚を見てから2年。小田野はプロと呼ばれる領域に足を踏み入れた。

大学生からいきなり飼育担当となり、研修の目的もあって毎日クルマで実践学園の豚舎に行かされて給餌を手伝った常井は、「思ったより豚が好きになってしまって」と笑う。疲れ果てて小田野と口論した日が懐かしい。

４月24日、フェアが終了した髙島屋日本橋店に売れ行きを聞きに行くと、

「本当によく売れましたよ」

と完売近い勢いだった１週間の様子を語ってくれた。なにより、店員の一人が、

「私も一度買ってみたのですが、あまりにも美味しかったので、２回買ってしまったんです」

と笑顔を見せてくれたのがうれしい。一般のお客さんたちもきっと同じだろう。

笠間マロンポークの未来も明るい。

おわりに

入院しつつ書き上げた申請書で、みらい基金によって採用された「笠間マロンポークプロジェクト」は、まさに「怪我の功名」である。

ここで言う怪我は、長谷川の膝の怪我（内側靭帯断裂）であり、功名は、みらい基金プロジェクトとして採用されたことである。

プロジェクトも最終年である3年目を迎え、ここまでを振り返ると、長谷川の靭帯断裂ごときのたいした怪我ではなく、さまざまな怪我（困難）があったように思う。

特に、地域の持っているポテンシャルと、本学園の持っているポテンシャルをうまく融合させる難しさ、学校という世間からすればのんびりしたところにいつつ、民間企業と同じスピードで物事を進める難しさなど、「地域貢献」を標榜しつつ始めたプロジェクトであるが、その実現の難しさを実感している。

また、「ゼロから始める農と食」「タネまきから食卓まで」をスローガンにしている本学内においても、ＩＣＴ農業、栗の飼料化、豚づくり、豚の販売・プロモーション、レシピ提案までを行うには、本学が持っているアグリビジネス科、食品栄養科の2学科と、農業技術センターに在籍する専門家の協力・助言が必要であり、まさに学園あげての協力が必要であった。

まだ進行中であるが、多くの学内外の方の協力を得て、地域ブランドとしてのマロンポークという「功名」を得ようとしている。

笠間マロンポークとは、本文中にもあるように、笠間の栗生産流通のサブシステムを利用したもので、ただ単なる豚のブランド名ではなく、地域における活動の名称であると思っている。

笠間という地域があってのマロンポークであるべきである。

地域があってのマロンポークが確立した暁には、マロンポークがあっての地域を目指すべくプロジェクトを進めていき、地域があっての鯉淵学園、鯉淵学園があっての地域と言われるまでの学校づくりを進めていこうと思う。

本書が本学の活動の理解の一助になることを願います。

最後になりますが、笠間市、地域の栗農家の皆様、あいきマロンの皆様、日本農業実践学園・加藤理事長、みらい基金事務局の皆様にお礼を申し上げさせていただきたいと思います。

長谷川　量平

笠間マロンポークのレシピ

作・小田野仁美

・笠間マロンポークのトンカツ
・笠間マロンポークの角煮
・笠間マロンポークの豚汁
・笠間マロンポークのしゃぶしゃぶ

笠間マロンポークのトンカツ

赤身と脂のバランスがよいロースを使用しました。

赤身は臭みがなく、柔らかい。冷えても柔らかい。

脂身は口のなかで甘みを感じる。

しかし、サッパリとしていて食べやすい。

脂の甘みをより感じるためにタレはソースより「塩」で召し上がっていただくのがおすすめ。

作り方（2人分）

■材料

- 豚ロース肉　トンカツ用2枚（約360g）
- 塩コショウ　少々
- 卵　1個
- 薄力粉　大さじ3
- パン粉　適量
- 揚げ油　適量
- キャベツ　適量
- レモン　適量
- タレ　適量（塩がおすすめ）

【下ごしらえ】

❶ 豚ロース肉トンカツ用をフォークでまんべんなく刺す。脂身にもしっかりと刺す（筋繊維を断つことで火が通りやすくなる）
❷ ❶に塩コショウで下味をつける
❸ ボウルに卵を割り入れかき混ぜる。バットにパン粉を入れておく
❹ ❷に薄力粉をまんべんなくまぶす（ビニール袋に入れて、大きく膨らませて口を押さえて振るとまんべんなくまぶされる）
❺ ❹を卵→パン粉の順番でくぐらせて3分ほど置く（剝がれないようしっかりとなじませること）

【揚げる】

❻ フライパンに3cmほどの深さの油を入れて170℃に熱し、❺を入れる。そのまま触らず、パン粉が薄くキツネ色になってきたら上下を返す。さらに1~2回上下を返し、約4~5分揚げる
❼ ❻を油を切ってバットに移す（このときにすぐ切らずに余熱で火を通すこと）

【盛り付け】

❽ 揚げたトンカツはお好みの厚さに切る。キャベツの千切りや辛子、レモンなどを添えて盛り付ける

笠間マロンポークの角煮

地元・笠間のイベントで提供した角煮。イベントでは学園産のごはんの上に乗せて丼にしました。箸で持った瞬間にトロッと切れるので「旨とろっ角煮丼」と名付けました。
味付けがしっかりしているので、どの豚を使用しても変わらないのでは?と思われがちですが、臭みがなく、肉質は非常に柔らかく、笠間マロンポークのトンカツの特徴である脂の甘みをダイレクトに感じます。お子さん、お年寄りに大人気でした。

作り方(2人分)

■材料

- 豚バラブロック肉　360g
  ※ウデや肩ロースでも美味しくできる
- 米のとぎ汁　鍋1杯分
  (ない場合は米ひとつかみを入れて代用)
- ゆで卵(好みで)　2個
- 生姜　1/2かけ(約5g)
- 水　200mℓ
- 醤油　大さじ2
- 酒　大さじ1
- 砂糖　大さじ1
  ※キビ砂糖がおすすめ

【切り分け】

❶ バラ肉を4cm角に切り分ける。脂身が厚い部分は切り落とす

【下ゆで】

❷ 大きな鍋に米のとぎ汁を入れて❶を入れる

❸ 生姜を鍋に入れて、強火にかけて沸いたら中火にして30分ゆでる。余分な脂をしっかり落とす。30分ゆでたら火を止めてふたをして30分蒸らす。これを2回繰り返す。ゆでているとアクが出てくるのでその都度すくう

【水洗い】

❹ ボウルに冷水を入れて❸を入れて冷まし、手で触れるくらいになったら流水で洗う(しっかり洗うことで雑味がなくなる)

【煮込み】

❺ 鍋に水、醤油、酒、砂糖を入れ、中火にかける。砂糖が溶けたら❹を鍋に入れる(入れる際には形を崩さないように一つずつ丁寧に入れる)　※落としぶたがない場合はアルミホイルやキッチンペーパーを使用

❻ 30分煮たら30分蒸らす。これを2回繰り返す。このときにゆで卵を入れてもよい。卵は10分ほど煮れば十分味が染みる

【盛り付け】

❼ 最後の蒸らしが終わったら弱火で温め直し、盛り付ける(お好みで辛子や白ねぎを一緒に盛り付ける)

笠間マロンポークの豚汁

こま切れを使用。
弱火から中火くらいでじっくり炒めることで豚と野菜の旨みが出ます。
豚の旨みが濃いので、出汁を入れなくても十分にコクが出ます。
味付けはシンプルに「味噌」だけ。まるでとんこつスープのような味わいです

作り方(2人分)

■材料
- 豚肉切り落とし　100g
- 大根　60g
- にんじん　40g
- ごぼう　20g
- こんにゃく　10g
- 長ねぎ(白ねぎ)　10g
- 水　400mℓ
- 味噌　20g
- 一味唐辛子　好みで少々

【下ごしらえ】

❶ 大根とにんじんは大きさに合わせて半月切りやいちょう切りにする(ともに食べやすい5㎜くらいの厚みで)。ごぼうは小さめの乱切りにして水にさらす。こんにゃくは短冊切りにする。長ねぎは斜め切りにする

【炒める】

❷ 鍋に豚肉と❶(長ねぎ以外)を入れ、弱火〜中火でじっくり炒める(鍋が焦げやすいときは油を少々入れてもよい)。豚肉と野菜のコクを出すためにはじっくりと炒めることが大切。目安は野菜がしんなりするまで(笠間マロンポークは焼くと甘い香りがしてくる)

【煮込み味付け】

❸ 炒め終わったら水を入れて中火で煮る。アクが出てきたらすくい取る。野菜が煮えたら火を止めて半分の量の味噌を溶き入れる(半分ずつ入れることで、味噌の味が豚肉の味とよく絡まる)

❹ 味を調えながら残りの味噌を溶き入れる

❺ 長ねぎを入れて沸騰させないよう注意しながら温める(長ねぎにサッと火が通るくらい)

【盛り付け】

❻ 具だくさんなので大きめのお椀に盛り付ける(お好みで一味唐辛子を振って)

笠間マロンポークのしゃぶしゃぶ

学校主催の官能検査でしゃぶしゃぶを提供。学生や職員、地域の方々に食べていただきました。
笠間マロンポークは脂がサッパリしているので、「バラ肉は脂が多くてちょっと苦手」という方にも美味しく食べていただけました。
お好みの野菜と一緒にお召し上がりください。

作り方(2人分)

■材料

- 豚バラ肉　300g
  (ロースやモモでもよい)
  ※笠間マロンポークの脂はサッパリとしていて甘みがあるのが特徴なのでバラ肉がおすすめ
- 水　1ℓ
  ※脂と肉の味を味わっていただくため、水がおすすめ

❶ 大きめの鍋に水を入れて沸かす

❷ 沸いたら❶を一枚ずつ入れて火を通す。肉の色が変わったら取り出す(サッと火を通すくらいで、脂の甘みと口どけの良さを感じられる)

❸ ゆでてすぐでも、氷水にくぐらせて冷しゃぶにしても美味しい。好みの野菜と合わせて、ポン酢やごまだれなど、好みのタレで(鯉淵学園では笠間の栗を使った栗だれを開発中。栗だれで笠間マロンポークを召し上がるとさらに美味しくいただけます!)

千葉・柏高島屋では、量り売り
広告の品
ロースしゃぶしゃぶ用
茨城県産 マロンポーク
バラうす切り
398
茨城県産 マロンポーク
切り落し
297
OFF

しゃぶしゃぶ用
428
茨城県産マロンポーク
肩ロースしゃぶしゃぶ用
458
茨城県産マロンポーク
ロースしゃぶしゃぶ用
498
茨城県産マロンポーク
ロースとんかつ・ソテー用
480
茨城県産マロンポーク
バラうす切り
茨城県産マロンポーク
モモうす切り
茨城県産マロンポーク
肩ロースうす切り
鯉淵学園の
ブランド栗を食べて育った豚
○鯉淵学園で栗豚生産を始めたきっかけ
傷んでいる
虫食いの穴
小ぶりのもの
規格外の栗
○豚のエサとして有効活用
①栗集め
②エサ作り
④肉質の分析

東京・日本橋高島屋S.C.

全国交通安全運動実施中
大黄金展
8階
TAKASHIMAYA
Takashimaya S.C.

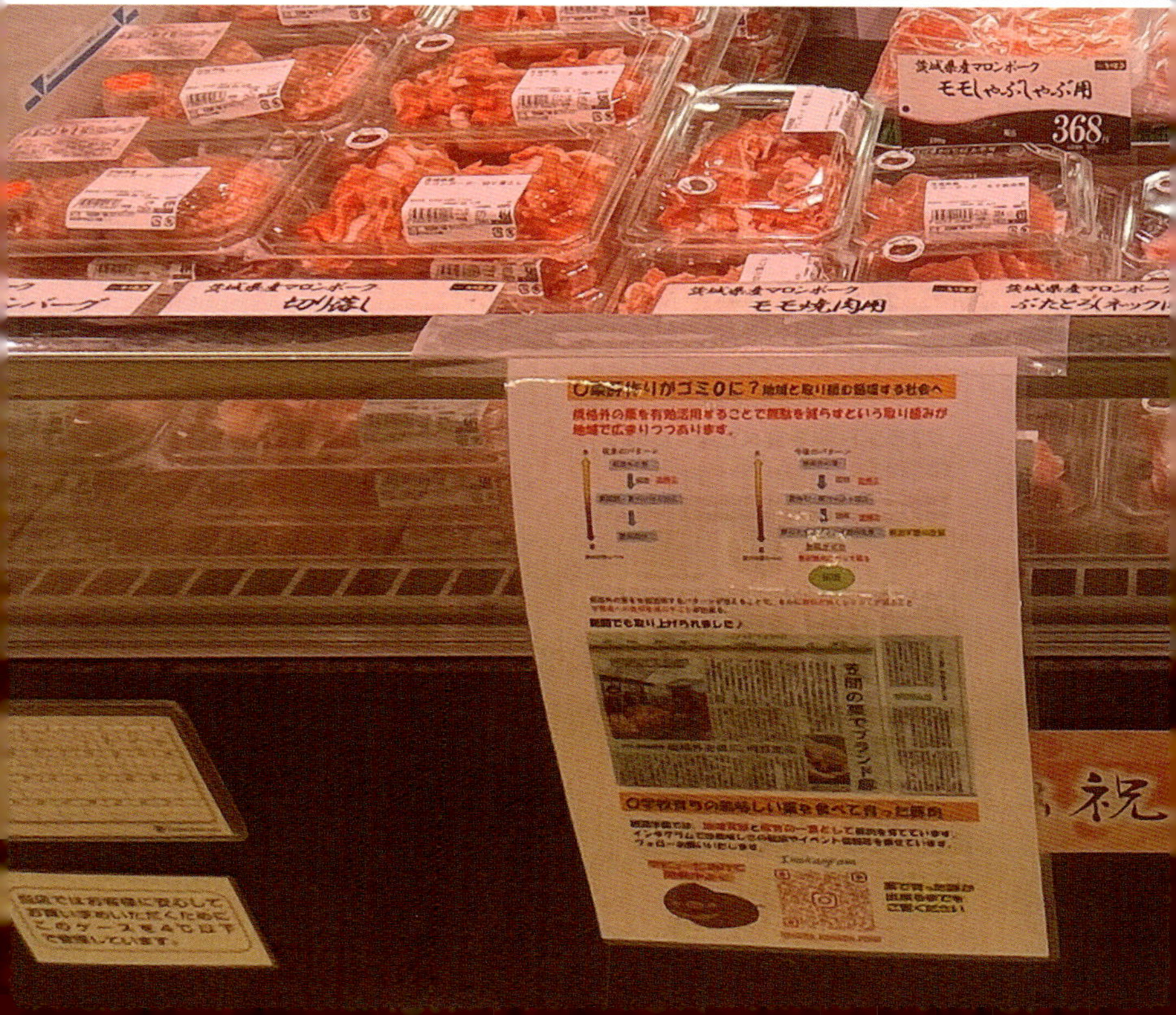
茨城県産マロンポーク
モモしゃぶしゃぶ用
368
茨城県産マロンポーク
切落し
茨城県産マロンポーク
モモ焼肉用

Instagram

笠間マロンポーク プロジェクト

～学校で育てた美味しい栗豚～

2024年9月1日　初版第1刷発行

著　者　　鯉淵学園農業栄養専門学校
発　行　　フォルドリバー
〒104-0031
東京都中央区京橋2-7-14-415
TEL：03-5542-1986
発　売　　株式会社 飯塚書店
〒112-0002
東京都文京区小石川5-16-4
TEL：03-3815-3805
FAX：03-3815-3810
http://izbooks.co.jp
印刷・製本　誠宏印刷株式会社

ISBN978-4-7522-7004-1